증보 개정판

대추재배신기술

農學博士 金容碩
農學博士 金月洙 共著

五星出版社

대추품종

무등대추

무등(無等)대추의 착과상태

금성대추

금성(錦城)대추의 작과상태

월출(月出)대추의 착과상태

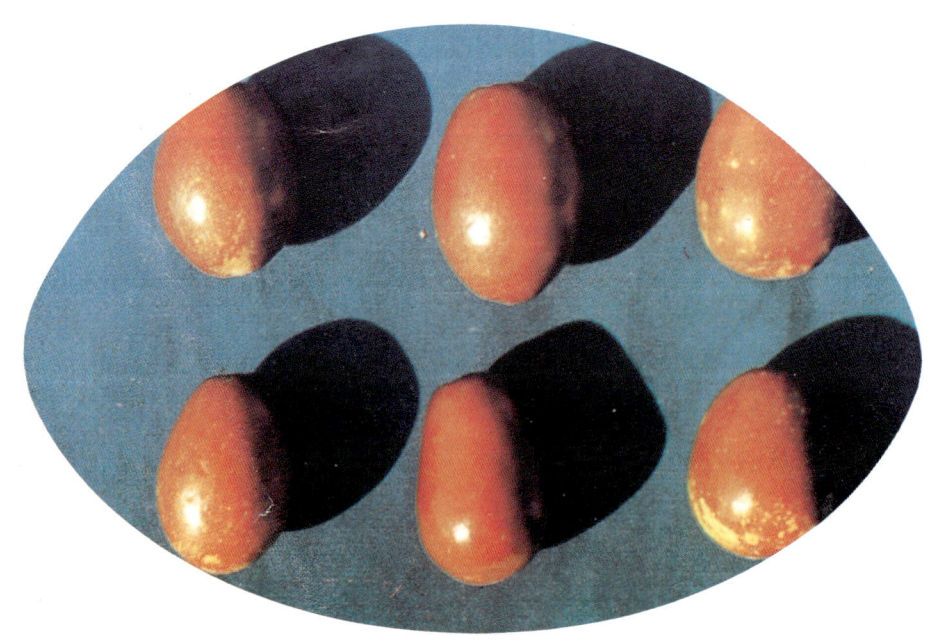

월출

재래종의 착과상태

나주재래

좌 : 금성, 중앙 : 나주재래, 우 : 무등

상 : 나주재래, 좌 : 무등, 우 : 금성

복조

보은대추

산조

발아기

전엽기   개화↓

신초 생장기

10일↓   20일↓

30일↓   40일↓

개화 및 착과기

과실 비대기

수확기

휴면기

결실작용

대추 꽃

꿀벌에 의한 수분

환상박피에 의한 결실증진

종자발아

A : 대추종자 B : 산조종자

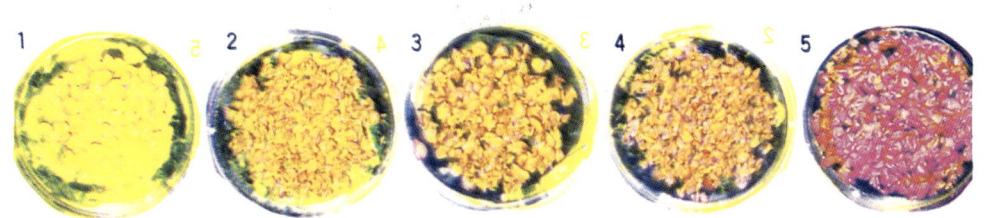

대추종자의 발육단계

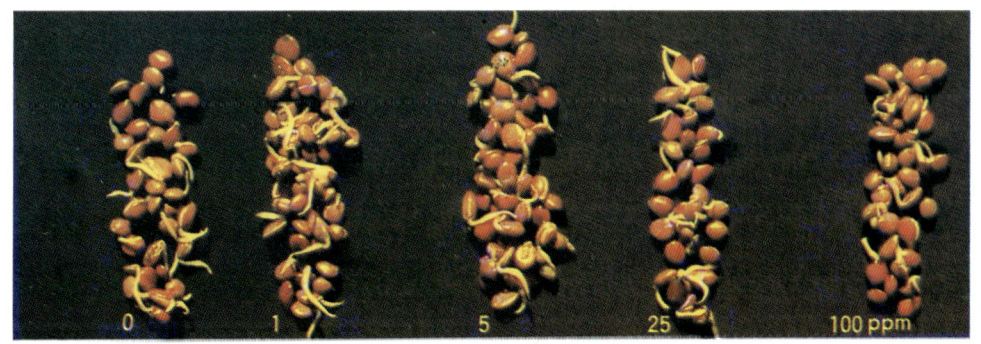

베질아데닌(BA)의 농도별 발아촉진 효과

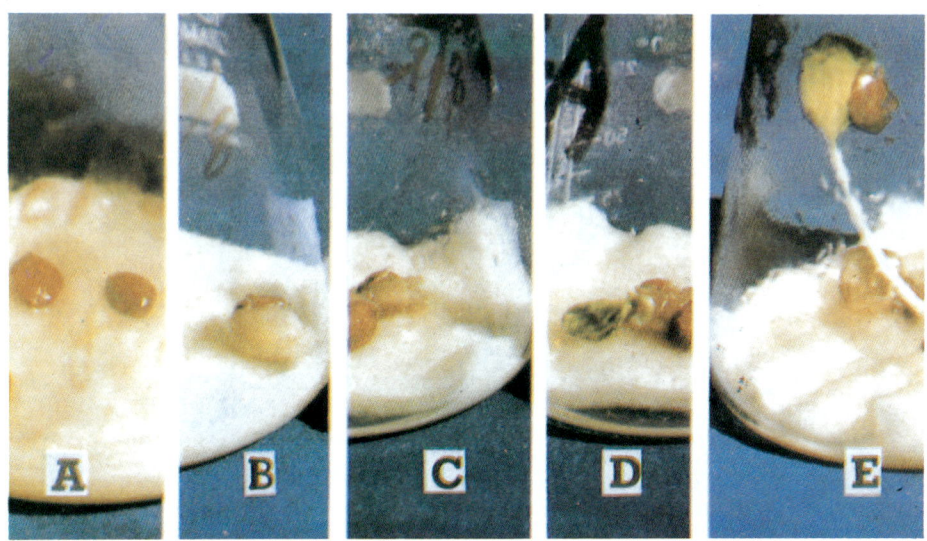

미숙종자의 발아단계

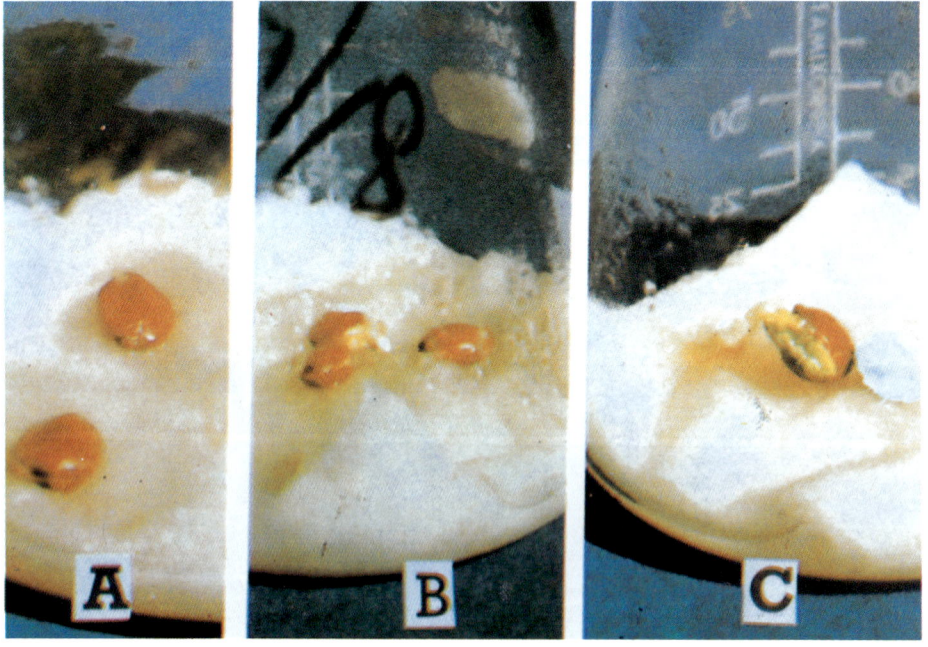

완숙종자의 발아단계

대목의 종류

대추흡지발생

분주대추

실생대목 좌 : 대추 우 : 산조

접목

접목

접목활착개시

신초신장

접목묘

입줄기묘목의 발생

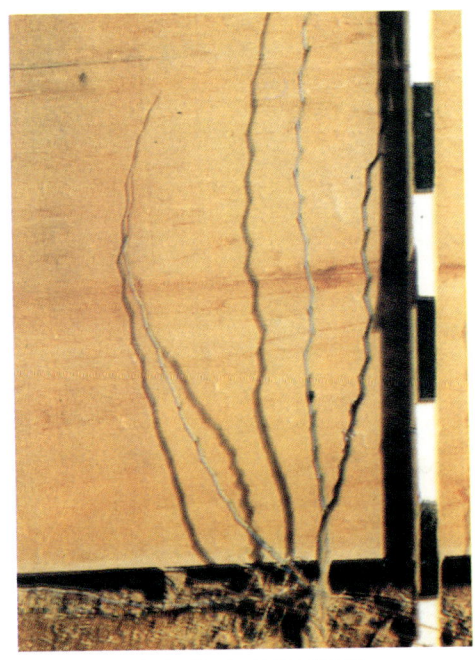

낙엽 후의 잎줄기묘목

낙엽 후의 정상묘목

잎줄기 묘목의 신초발생방법

잎줄기 발생

잎줄기 절단

신초발생

녹지접목된 묘목

고접

신초 선단부 고시

삽목

녹지 삽수채취를 위한 차광하우스

발근묘의 포장이식

발근된 녹지삽수

대추 삽목상

수형

변칙주간형

과다밀식에 의해 수형이 갖추어지지 못한 과수원

원가지(주지)의 발생방법

2차지절단 및 아상(芽傷)의 처리

완전한 주지

주지생장

주지발생

수확 및 건조

대추 화력 건조장

대추건조실

건조온도와 착색과의 관계

기상장해

늦서리 피해

풍해

동해

생리장해

마그네슘(고토) 결핍증

선택성 제초제 약해

빗자루병

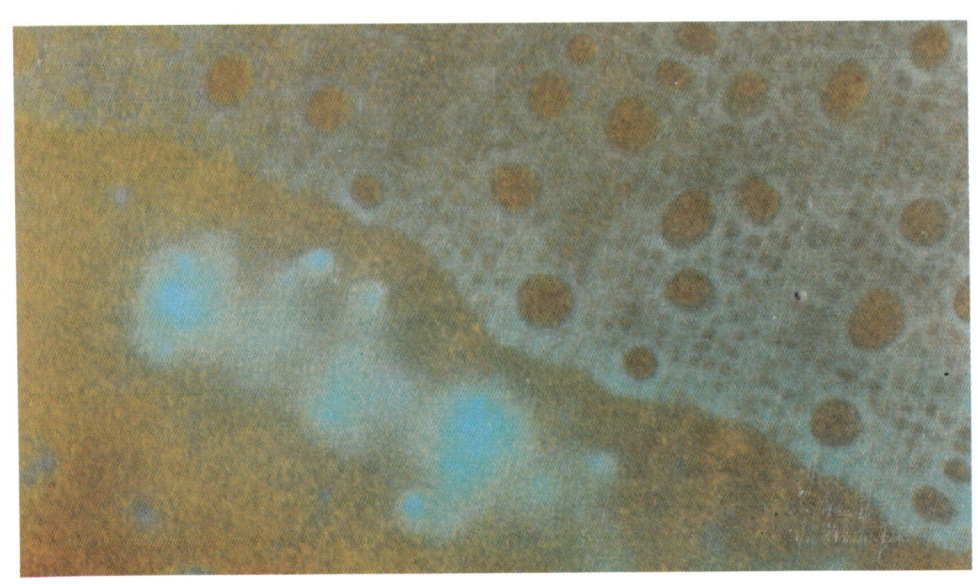

형광현미경으로 본 빗자루병원균(마이코플라스마)

빗자루병에 걸린 나무

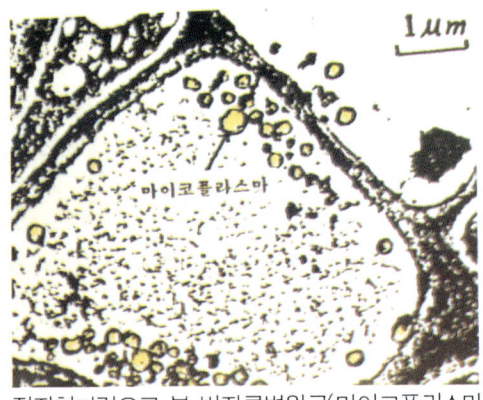

전자현미경으로 본 빗자루병원균(마이코플라스마)

빗자루병 치료 기구

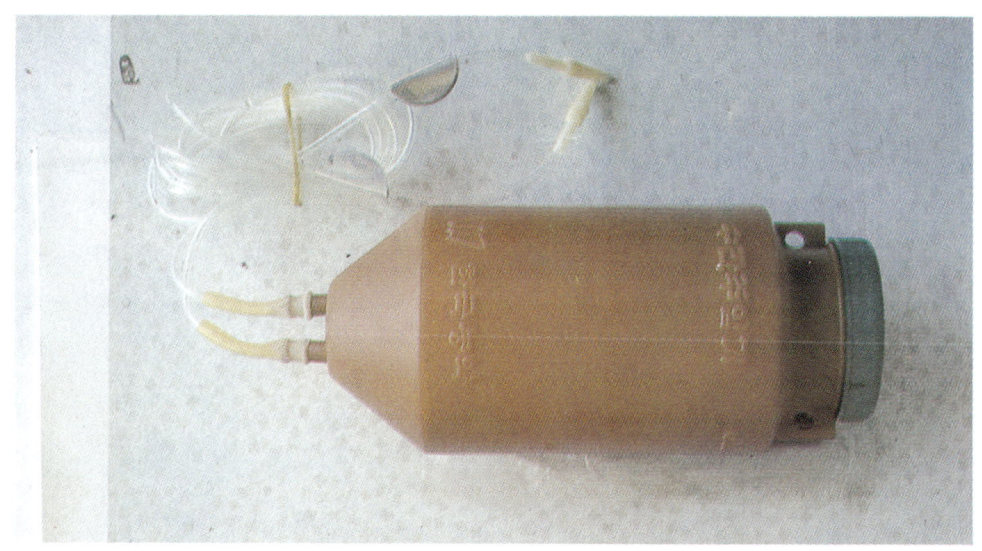

수간 주입기

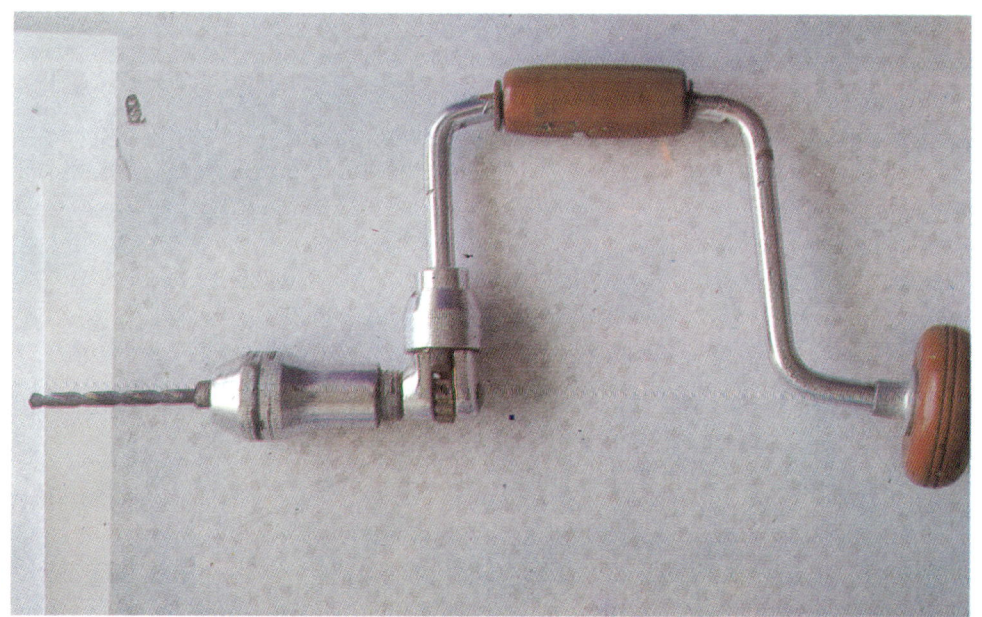

수동식 드릴

여러가지 수간 주입기

시판 수간주입기

링게르병

간이 플라스틱 병

간이 PVC 파이프

빗자루병 저항성 품종연구

저항성검정을 위한 건전접수를 이병대목에 접목접종(고접)

접목활착 후 저항성이 표현됨

이병접수를 저항성 검정용 건전묘목에 접목접종

가지썩음병

잎마름병

세균성반점병

탄저병

녹병

바이러스병

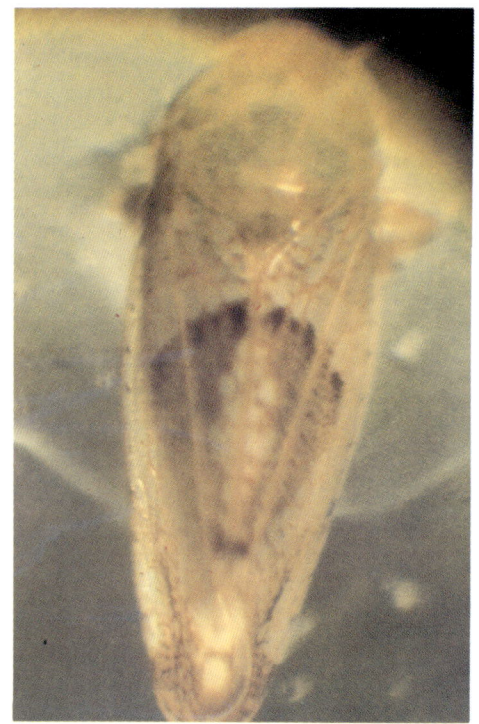

무름무늬매미충(성충)

잎말이나방(유충)

마름무늬 매미충의 발육과정 좌부터 1령, 2령, 3령, 4령, 5령, 성충

노랑쐐기나방(유충)

박쥐나방(유충)

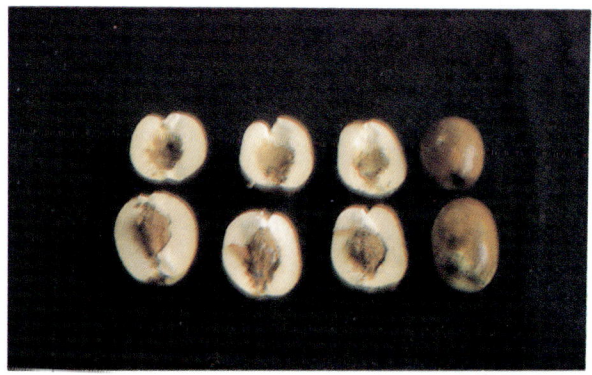

심식충(유충)

진딧물

가중나무산 누에나방(유충)

점박이 응애피해(좌측)

뽕나무 하늘소

풍뎅이

알락 하늘소

다 수 확

대추재배신기술

農學博士 金容碩
農學博士 金月洙 共著

五星出版社

대추는 우리나라의 기후환경에 알맞고 병해충에 저항성이 강하며 과실의 저장성이 높아서 재배가 용이할 뿐만 아니라 용도면에서 식용·약용·의식용으로 그 이용폭이 매우 넓다. 또한 나무는 견고한 재질과 정원수로서의 조경가치가 높기 때문에 예부터 양가(良家)의 귀중한 가정과수로 재배되어 왔다.

이와같이 대추는 우리나라에서 오랜 재배역사를 가지고 있으면서도 우량품종의 육성보급 및 재배기술의 체계가 확립되지 못하였으며 더욱이 1950년대 후반부터 빗자루병의 극심한 피해를 받아 한동안 재배면적이 급격히 감소되었다.

그러나 1990년대에 들어서면서 국민소득의 급속한 증가와 함께 건강식품의 요구도가 점점 높아가고 있고, 특히 세계 여러나라에서 대추에 함유되어 있는 약리식품으로서의 이용이 급격히 증가되고 있다.

오늘날 대부분의 과수는 합리적이고 과학적인 재배단계에 이르렀으나 대추에 있어서는 재배관리, 수확 및 가공과정 등이 아직 체계화되지 못한 채 극히 조방적인 재배의 테두리를 벗어나지 못하고 있는 실정이다.

따라서 이 책은 재배면적의 급증과 규모변화로 전환기를 맞고있는 대추재배상의 여러가지 문제점을 해결하고자 다음과 같은 면에 숭섬을 두어 서술하였다.

첫째, 대추의 신품종, 번식기술 및 결실작용에 관한 최근의 연구 성과를 상세하게 설명하였다.

둘째, 대추의 병충해 방제를 비롯한 일반관리방법을 구체적으로 기술하여 재배초보자도 재배기술을 쉽게 습득할 수 있도록 하였다.

셋째, 대추에 함유되어 있는 약리성분과 약리효능을 설명함으로써 대추가 지니고 있는 특수성을 이해할 수 있도록 하였다.

대추의 신품종, 번식기술 및 결실작용에 관한 최근의 연구 성과를 상세하게 설명하였으며 셋째, 대추의 병해충 방제를 비롯한 일반관리방법을 구체적으로 기술하여 재배초보자도 재배기술을 쉽게 습득할 수 있도록 하였다.

막상 집필을 끝내 놓고 보니 불충분한 점이 너무 많아 부끄러울 따름이나 앞으로 판을 거듭하면서 새로운 연구결과와 실제 생산에 임하고 있는 재배 농가들의 의견을 추가하여 보완해 나갈 예정이다.

끝으로 본서가 출간되기까지 아낌없는 지도와 격려를 하여주 신 전 원예 연구소장 김정호 박사님과 김성봉 박사님께 깊은 감사를 드린다. 또한 어려운 여건하에서도 교정판을 계획하고 기회를 마련하여 주신 오성출판사 김중영 사장님께 심심한 사의를 표하는 바이다.

1997. 10. 20

著者

차 례

제1장 대추재배의 현황과 전망

1. 대추재배의 역사

1) 원산지와 분포

대추나무는 식물분류학적으로 갈매나무과 대추나무속에 속하는 교목성 과수로서 중국계대추(학명 : *Zizyphus jujuba* Miller, 영명 : Chinese jujube) 와 인도계대추(학명 : *Zizyphus mauritiana* LAM., 영명 : Indian jujube) 등 생태형이 전혀 다른 2종(種)이 재배되고 있다.

중국계대추는 우리나라를 비롯한 중공, 일본 등 아시아 지역과 소련 남부, 독일, 루마니아, 불가리아 등 유럽 지역 및 캘리포니아를 중심으로한 미국 대륙의 중남부 지역에서 재배되고 있는 온대 낙엽과수이다. 한편, 인도계대추 는 주로 인도, 파키스탄, 중국 남부를 비롯한 열대 및 아열대지방에서 재배되고 있는 열대 상록과수로서 내한성(耐寒性)이 약하여 온대지방에서는 재배가 불가능하다.

이밖에도 사우디아라비아, 쿠웨이트 등 중동지방에서 대추야자(학명 : *Phoenix dactylifera* L., 영명 : Date palm)가 재배되고 있으나 이는 야자과에 속하므로 대추와는 근본적으로 다르다.

대추의 원산지는 남부 유럽과 동남아시아라고 하는 주장과, 현재의 재배종과 유사한 대추가 북아메리카와 유럽의 남서부 지방에서 재배 및 이용되었다는 기록으로 미루어 보아 이 지방이 원산지라고 주장하는 학자도 있다.

중국에서는 기원전 2,000여년전부터 화북지방과 만주 일대에 중국계 대추의 주산지가 형성되었다고 하며, 시리아에서는 1세기경부터 재배된 것으로 기록되어 있다.

2) 우리나라 대추재배 연혁

  과수로서의 대추나무 재배사(栽培史)는 중국의 경우 4,000여년전 혹은, 기
원전 10세기 등으로 기록되어 있는 점으로 미루어 단연 최고(最古)의 과수
로 인정되며, 우리 나라로의 전래에 관한 사실도 확증을 할 수는 없으나 「한
서지리지」의 고대 낙랑(樂浪)에 관한 기록에 "낙랑에 대추와 밤이 많이 생
산된다"고 하였고, 「삼국지 위지동이전(三國志 魏志 東夷傳)」의 부여조(夫餘
條)에서도 5과(李, 杏, 棗, 桃, 栗)가 생산된다고 하였으며, 서기 530년에서
550년 경에 저술된 「제민요술(齊民要術)」에서도 여행이나 전쟁시의 비상식
량으로 이용하였던 대추초(酸棗麥 : 멧대추와 보리가루를 찧어 만든 음식)
와 대추포(棗脯 : 대추를 쪼개서 말린 음식)에 관한 기록이 있어서 재배의
역사가 매우 오래되었음을 짐작할 수 있다.

  그러나 본격적인 식품으로 생산하여 이용되었던 시대는 고려시대라고 보
는 견해가 많으며 「고려도경(高麗圖經)」에는 "아이들이 5과를 팔고 다닌다"
는 기록과 함께 "來禽靑李瓜桃梨棗 味薄而形小"라 비록 생산은 되었더라도
맛이나 크기가 보잘것 없었던 것으로 판단된다. 또한 대추의 종류에 관한 기
록은 대부분의 농서(農書)들, 즉 농상집요(農桑輯要, 1273년), 색경(穡經,
1676년) · 산림경제(山林經濟, 1643년, 1715년) · 고사신서(考事新書, 1771
년) · 본사(本史, 1787년) · 행포지(杏浦志, 1829년) · 농정회요(農政會要, 1830
년) · 죽교편람(竹橋便覽, 1849년) 등에 기재되어 있는 점으로 보아 일상적으
로 매우 귀중한 과실의 일종이었음을 알 수 있다.

  우리나라에서의 대추 주산지는 고려시대에 이르기까지 명확한 기록은 없
으나 조선시대 초기에는 충청도의 충주 · 청풍 · 단양 · 음성 · 영춘 · 목천 ·
온양과 전라도의 광산 · 창평 및 경상도의 경산 · 하양 · 개령 등으로 기록되
어 있다. 조선시대 중기에는 충청도의 보은 · 청산과 전라도의 광주 및 경상

도의 함안 등으로 대추 주산지가 늘어났다. 조선시대 말기에는 실학파(實學派) 농학자(農學者)들의 지도와 교통수단의 발달에 기인된 지역민의 교류가 빈번해짐에 따라 대추의 보급이 전국적으로 확대됨으로써 대추의 주산지는 경기도의 과천, 충청도의 청풍·영춘·제천·청산·음성·문의, 전라도의 구례·순천·광주·여수·장흥, 경상도의 개령·군위·초계·함안, 황해도의 해주, 강원도의 평창·강릉, 평안도의 상원·중화·평양·정주·의주, 함경도의 함흥·영흥·경성 등지로 넓게 확대되었다. 특히 광주와 함안 및 강릉에서 재배되던 것은 대추(大棗)계통이었고 의주에서는 주로 산조(山棗)계통이었다고 한다.

그러나 한일합방 이후에는 특산물목(特産物目)에 등장할 정도의 주산지로 충청도의 보은·옥천·영동·논산이 알려질 뿐으로 생산이 위축되어졌던 것으로 짐작된다. 광복 이후 6.25동란과 함께 농업생산의 불안정기가 한동안 지속되어 왔으며, 1950년대 이후에는 전국의 대추나무 산지를 휩쓴 대추나무 빗자루병에 기인되어 충청남북도를 비롯한 중부지방의 대추가 대부분 고사하였다. 그러나 1970년대에 들어서면서 국민소득이 매년 빠른 속도로 증대됨에 따라 건강식품의 요구도가 점증되었고, 이로 인해 대추의 수요에 따른 공급량의 부족으로 가격상승이 불가피하게 되었다.

이와 같은 시대적 여건의 변천에 의하여 과거에는 과수로서 별다른 비중을 차지하지 못하던 대추가 1990년대부터 대추 건강음료의 개발로 수요가 급증하면서 그 재배면적과 수량이 비약적으로 늘어감으로써 대추가 유사이래 가장 각광받는 과수 중의 하나로 부상하기에 이르렀다.

2. 대추재배 현황

우리나라의 대추 재배면적은 1985년 851ha로서 과수 총 재배면적의 0.8%를 차지하고 있다〈표1-1 참조〉. 1970년대 중반까지는 대추를 과수원 규모로

재배하는 농가가 소수에 불과하였으나 1970년대 후반부터는 대추의 수요증
가에 따른 가격상승으로 수익성이 높아짐으로써 재배면적이 급격히 늘어나
게 되었다. 즉, 1982년에 271ha이었으나 3년 후 851ha에 달하여 3배 이상의
증가를 보이고 있고, 이러한 추세는 앞으로도 상당기간 동안 지속될 전망이
다.

대추 생산량에 있어서 1980년에 1,986톤이던 것이 10년 후인 1990년에는
5,952톤이었고, 그로부터 5년 후인 1995년에는 13,180톤이 생산되어 2.2배의
비약적인 생산량 증가가 이루어졌다.

이와같은 생산량의 증가는 대추의 재배면적 증가와 비슷한 추세이므로 앞
으로 대추나무가 성목이 될수록 그리고 재배기술이 향상될수록 생산량의 증
가 속도는 재배면적의 확대 속도를 현저히 능가할 수 있을 것으로 본다.

대추는 다른 과수에 비하여 해에 따라 풍흉의 변이가 심한 특징을 가지고
있다. 일반적으로 과수재배상의 풍흉이 반복되는 것은 과다 결실된 이듬해

<표 1-1> 우리나라 대추재배 현황   (농수산부행정조사 통계)

년 도	면 적(ha)	생산량(건과, M/T)
1969	—	53
1971	—	33
1974	—	289
1977	—	311
1979	—	651
1981	271	—
1983	351	2,620
1985	851	5,603
1990	—	5,952
1991	—	7,577
1992	—	11,216
1993	—	7,038
1994	—	12,599
1995	—	13,180

의 해거리(隔年結果)에 기인되지만 대추는 과다 결실에 의한 해거리보다는 개화기의 기상조건 즉, 강우·저온·일조 부족 등이 풍흉을 좌우하게 된다.

다행히 근래에 재식되는 대추나무는 이런 불리한 기상조건 하에서도 결실이 잘되는 우량품종들이 확대 보급되고 있으므로 비교적 안정적인 대추 생산이 가능할 것으로 보인다. 특히 이들 품종은 조기결실성이어서 재식 후 3~4년 경부터는 상당량씩 수확할 수 있으므로 대추의 생산량이 현저히 늘어날 것으로 추정된다.

도별 생산량에 있어서 1950년대까지는 충청북도가 차지하는 비율이 높았으나 그후 대추 빗자루병이 만연되어 대부분의 대추 과수원이 폐원되었다.

1970년대부터 전라북도의 재배면적과 생산량이 우리나라 대추산업에서 가장 큰 비중을 차지하였으나 이 지역에서 재배되는 품종이 빗자루병에 약함은 물론 개화기의 기상재해에 매우 민감하여 풍흉의 차이가 매우 심하므로 타지역에 비하여 상대적으로 경쟁력이 떨어지고 있는 실정이다. 특히 경상북도는 1982년에 비하여 1985년에는 재배면적이 5배 이상 늘어났으며, 생산량에 있어서도 1995년 현재 우리나라 전체 생산량의 62.9%를 차지함으로써 경산·청도·청송 등이 대표적인 대추 주산지로 부각되기에 이르렀다〈표 1-2참조〉.

〈표 1-2〉 도별 대추 생산량 (1995년 현재)　　　　　　(농수산부행정조사통계 1996)

지 역	생산량(M/T)	비율(%)	지 역	생산량(M/T)	비율(%)
서울	5.3	0.04	충북	278.7	2.1
부산	4.0	0.03	충남	356.8	2.7
대구	550.8	4.2	전북	592.3	4.5
인천	6.5	0.05	전남	330.5	2.5
광주	15.7	0.1	경북	8,296.7	62.9
대전	5.3	0.04	경남	1,994.8	15.1
경기	171.3	1.3	제주	-	-
강원	570.5	4.3	전국	13,180.0	100

　과거에는 가정과수로서 집안의 뜰이나 밭 주변에 몇 그루씩 심는 정도에 불과하던 대추가 근래에는 규모를 갖춘 과원으로 조성됨은 물론 근대적 경영형태로까지 크게 변모해가고 있다.

　이와 같은 변화는 대추에 함유되어 있는 약리성분과 성인병을 예방 및 치료할 수 있는 약리 작용이 세계 여러 나라에서 밝혀짐으로써 건강·약리식품으로의 이용이 급격히 증가하고 있기 때문이며 이에 따라 대추 판매가격이 높아져서 해가 갈수록 재배를 시도하는 농가가 크게 늘어나고 있다.

　한편, 대추 생산량이 대폭 증가되고 있음에도 불구하고 대추 수요를 충족시키지 못하기 때문에 매년 대추 가격이 급등하고 있는 실정이며, 1980년대 초에는 일시적인 대추 수입이 허용되면서 과거의 대추 수출국이었던 우리나라가 대추 수입국으로 뒤바뀌는 기현상이 초래되었고 이러한 무역역조현상은 1984년 대추 수입이 금지됨으로써 해결되었다.

<표 1-3> 대추 수출 및 수입 현황　　　　　　　　　(식물 검역 연보)

년　　도	수　출 (kg)	수　입 (kg)	비　　　고
1977	17,418	0	
1978	48,779	3	수출국 : 중　　동
1979	3,229	0	여 러 나 라
1980	3,634	15	수입국: 대　　만
1981	9,201	715,267	말레이지아
1982	1,131	963,279	인　　도
1983	346	461,225	중　　국
1984	1,960	0	홍　　콩
1985	384	13	

3. 경영상의 특징

대추나무도 과수의 일종이므로 과수로서의 공통적인 경영상의 특징을 갖고 있는 것 이외에 대추만이 가지고 있는 특징이 다음과 같이 있다.

첫째, 수익성이 높다. 〈표 1-4〉에서 보는 바와 같이 대추는 수익이 많은 반면 경영비는 매우 적게 소요된다. 이처럼 경영비가 적게 소요되는 것은 농약과 비료 등 자재비가 비교적 적게 들어가며 인건비도 다른 과종에 비하여 적게 소요된다. 경상가격을 기준으로 한 대추의 생산액은 1995년 현재 738억원으로서 이는 자두, 매실, 유자, 및 참다래를 합친 금액보다 더 높다.

둘째, 조방적인 재배가 가능하다. 대부분의 과수가 갖고 있는 단점중의 하나는 철저한 집약적 재배를 해야 한다는 점에 대해서 대추는 힘을 덜 들이고도 더 많은 면적을 경영할 수 있는 이점이 있다. 우선 정지·전정을 하는데 고도의 기술이나 많은 노력이 소요되지 않으며 과실 솎음질이나 봉지를 씌울 필요도 없다. 특히 기후에 대한 적응범위가 넓고 토질을 별로 가리지 않으므로 산지를 이용한 대면적 재배가 가능하다.

또한 병해와 해충의 종류가 적고 그 발생 밀도가 낮은 편이어서 빗자루병·탄저병·녹병·마름무늬매마충 등에만 유의하면 5~6회의 농약살포만으로 1년농사를 안정적으로 관리할 수가 있다.

셋째, 시장출하의 안정성이다. 현대의 농업은 가정농업이 아니고 철저한 시장농업이므로 아무리 농사를 기술적으로 잘 지었다고 하더라도 시장에서 제값을 받지 못하면 결국 실패하고 만다. 이러한 시장경제의 측면에서 가장 불리한 상품은 농산물인데, 그것은 농산물이 공산품과는 달리 저장성이 현저히 떨어진다는 성질에 기인된 결과이다. 다행스럽게도 대추는 건과로 이용하기 때문에 저장이 간편하고 장기저장에 따른 유지비가 소요되지 않으므로 1년 중 어느 때라도 출하가 가능하다. 따라서 홍수출하가 없으므로 가격이 안정되어 안심하고 농사에만 전념할 수 있다.

<표 1-4> 대추 표준소득 분석　　　　　　　　　　　　　　(농촌진흥청, 1995)

비 목 별			수량(kg)	단가(원)	금액(원)	비 고
조수입	주산물가액		288.0	4,699	1,353,312	상품화율 : 93.2%
	부산물가액				2,708	
	계				1,356,020	
경영비	중간재비	무기질비료비	1,811		27,161	N:21.3 P:14.8, K:17.4kg
		유기질비료비			63,642	농용석회 : 85.0kg
		농 약 비			29,384	규 산 질 : 5.0kg
		광열·동력비			16,650	살충제유제 : 1,009.1cc
		수리(水利)비			0	분제 : 0.1kg
		제 재 료 비			29,956	살균제 유제 : 848.6cc
		소 농 구 비			2,163	분제 : 3.3kg
		대농구상각비			40,829	제초제유제 : 680.3cc
		영농시설상각비			2,272	전　　기 : 33.0kw
		수리(修理)비			8,016	유　　류 : 64.1ℓ
		조 성 비			32,582	종이(포장지) 17개
		기 타 요 금			2,747	P P 마 대 : 7.3개
						비 닐 끈 : 1.5타
						짚 : 8.0kg
		계			255,402	포 장 상 자 : 25.0개
	임 차 료				3,667	비　닐 : 5.0m
	고 용 노 력 비		32.9시간	남:4,360 여:2,781	105,705	남 : 9.0 시간 여 : 23.9 시간
	계				364,774	
자 가 노 력 비			140.5시간	남:4,317 여:2,763	510,345	남 : 78.6 시간 여 : 61.9 시간
소　　　　　득					991,246	
부 가 가 치					1,100,618	
소 득 률 (%)					73.1	

넷째, 수송이 간편하다. 대부분의 농산물은 무겁고 용적(容積)을 많이 차
지하여 상대적으로 수송비용이 많이 소요되지만 대추는 가볍고 용적이 비교

적 적으며 수송도중 압상이나 부패의 우려가 전혀 없으므로 취급이 매우 간편하다.

다섯째, 가공식품으로서의 수요 전망이 밝다. 대부분의 과실은 기호식품으로 국한됨에 비하여 대추는 기호·영양·건강식품으로서의 다양한 특성이 있으므로 그 수요의 여지가 많다는 점이다.

특히 대추에 함유되어 있는 희귀하고 풍부한 약리성분을 이용하여 차·드링크와 같은 가공식품이 다양하게 개발되어 시판중에 있으므로 늘어나는 대추 생산량을 원활하게 소비시킬 수 있을 것으로 본다.

◇참고문헌◇

1. 崔漢綺. 1830. 農政會要.

2. 韓錫斅. 1849. 竹橋便覽.

3. 本田濟譯. BC 206～AD 5. 漢書地理志. 藥浪條. 中國. 平凡社.

4. 本田濟譯. 220～265. 三國志魏志東夷傳. 中國. 平凡社.

5. 洪萬選. 1715. 山林經濟.

6. 洪淳佑. 1960. 대추나무 미친病에 관한 硏究 (Ⅱ) 葉 維管束構造에 미치는 解剖學的 影響에 對하여. 植物學會誌 3 (2) : 29 - 34.

7. 洪淳佑·金錫鎭. 1960. 대추나무 미친病에 관한 硏究 (Ⅰ) 罹病植物의 內外形態學的 特徵 및 그 命名에 對하여. 植物學會誌 3(1) : 32-38.

8. 地方官·1800末. 各邑誌.

9. 菊池秋雄. 1948. 果樹園藝學 上卷 : 401～409. 養賢堂.

10. 高麗大藏都監. 1236～1251. 本草學(鄕藥救急方).

11. 李荇等. 1530. 新增東國輿地勝覽.

12. 誤宖默. 1893. 輿載撮要.

13. 朴世堂. 1676. 穡經.

14. 司農司. 1273. 農桑輯要(李山註譯 1372).

15. 世宗朝地方官等. 1432. 世宗實錄地理志.

16. 徐命膺. 1771.   事新書.

17. 徐命膺. 1787. 本史.

18. 徐有榘. 1825. 杏蒲志. (乙酉文化社 圖書 - 7)

19. 徐有榘. 1827. 林園十六志. 玄岩社.(韓國의 名著 : 1970)

20. 耽煊. BC 1000~600. 誌經. 中國. (商務印書館)

21. 賈恩勰. 530~550. 齊民要術. 中國.

제2장 품종

1. 외국의 품종유래

대추나무는 세계적으로 중국대추(*Zizyphas jujuba* Miller)와 인도대추(*Zizyphus mauritiana* Lam.)의 2종이 있어서 남북 양반구(兩半球)의 온대·아열대 및 열대지역에 약 40여종으로 분화되어 재배되고 있는데 중국대추는 우리나라 전역·중국 중북부·소련 남부에서 재배되고 있는 온대과수(溫帶果樹)이고, 인도대추는 주로 인도·파키스탄·중국 남부·대만 등지에서 재배되고 있는 열대(熱帶) 및 아열대과수(亞熱帶果樹)이다.

중국에서는 중국대추와 인도대추가 모두 재배되고 있을 뿐만 아니라 수천년의 재배역사를 가지고 있어서 대추의 품종분화가 가장 다양하며 국지(菊池, 1948)는 이들에 대하여 위조(危棗)·아조(牙棗)·태백조(太白棗)·영락조(英落棗)·정향조(丁香棗) 등의 유핵과(有核果) 품종군(品種群)과 호로조(葫蘆棗)·낙릉무핵조(樂陵無核棗) 등의 무핵품종군(無核品種群)으로 분류한 바 있다.

심극종(諶克終, 1968)은 대추 과실의 색·과형 및 크기에 의하여 낙릉조(樂陵棗)·진정조(眞定棗)·대조(大棗)·마조(麻棗)·장구조(章邱棗) 등으로 품종을 분화시킨 바 있다. 그러나 곡택주(曲澤洲, 1943)는 과거에 기록된 고대의 중국 농서(農書)에 455종의 대추 품종이 기재되어 있으며 오십람(五十嵐, 1953)은 대추 품종 수를 대략 300~400여종 정도로 볼 수 있다고 하였으나 실제에 있어서는 대추의 품종 전파가 흡지(吸枝)나 실생(實生)에 의존됨으로써 같은 품종이 상이한 산지명(産地名)으로 3~4종 이상 중복기재되고 있기 때문에 또 다른 엄밀한 분류에 따르면 훨씬 줄어들 것이라고 하였다.

보석은(普錫恩, 1979)은 중국 내 인도대추의 실생변이종(實生變異種)으로 보사갑(保舍甲)·국뢰(國雷)·매종(保種)·노장(老長)의 4종과 도입품종으로 태국(泰國)·산조(酸棗)·태출밀조(泰出密棗)·태국감조(泰國甛棗)의 4종을 소개하면서 그중 과중이 53g 정도인 대과종과 당도가 19% 이상에 이르는 감미종(甘味種)이 있다고 하였다.

대만에서도 Tagier(1976)와 Singh(1964)이 품종을 수집·정리하여 39품종으로 구분한 바 있다.

일본에서는 아직 품종으로서 명명된 대추는 없으나 각 지방에서 산재되어 있는 대추에 대하여 산지명(産地名)으로 알려져 있는 홍조(紅棗)·생조(生棗)·양조(羊棗) 등 45종이 상원(上原, 1970)에 의하여 소개된 바 있다.

인도에서는 인도대추가 매우 유용한 열대과수로 광범위하게 재배되고 있어서 품종의 분류는 물론 재배법 개선을 위한 연구도 상당히 활발하게 이루어지고 있는 실정이다.

미국에서는 대추가 기호식품으로 각광을 받지는 못하고 있으나 1837년경 대추가 전래되었고, 1908년에는 중국으로부터 대립계 대추가 도입되어 캘리포니아를 중심으로 약간씩 재배되고 있고 기초적인 생태적 특성이 연구되고 있다.

2. 우리나라의 품종유래

우리나라에서 재배되고 있는 대추는 중국대추(Chinese jujube)로서 중국으로부터 전래된 것은 확실하지만 이에 관한 국내의 기록이 전혀 없다. 우리나라의 산물(産物)을 소상히 기록했던 고대 중국의 서적 한서지리지(漢書地理志 : BC 206~AD 5)·삼국지위지동이전(三國志魏志東夷傳 : 220~260)·제민요술(齊民要術 : 550~550) 등을 참고할 때 우리나라로의 대추 전파도 기원전 수세기까지 거슬러 올라갈 수 있을 것으로 보인다.

그러나 윤(1960)에 의하면 중국으로부터의 대추 전파 근거가 불명한 점이 있지만, 본격적인 재배는 고려 명종(明宗) 18년(1188년)부터 시작되었을 것이라고 추정하였다.

정(1957)과 임(1975)은 한국산 대추나무 종류가 대추나무(*Zizyphus jujuba* Miller Var. inermis Schneider) · 보은대추나무(*Zizyphus jujuba* Miller Var. hoonensis(Chung) Lee) 및 묏대추나무(酸棗, *Zizyphus jujuba* Miller Var. spinosus Schneider)로 분류된다고 하였다.

우리나라에서 1970년대까지 품종으로서 명명(命名)된 것은 없고 대추 주산지의 명칭을 붙여서 보은대추 · 경조(京棗) · 연산대추 · 고례(古禮)대추 · 동곡(東谷)대추 · 완주(完州)대추 · 임실(任實)대추 · 의성(義城)대추 · 경산(慶山)대추 등으로 불리어 왔을 뿐 이들의 특성에 대하여 조사 · 보고된 바는 없다.

3. 대추 우량품종

1) 무등(無等)대추

(1) 선발경위

무등대추는 1968년부터 과수연구소에서 지방종 중 우량시되는 254계통을 현지 조사하여 1971년 유망시되는 27계통을 1차 선발한 후 1980년에 Ja-5가 극히 우수하여 최종 선발하여 명명한 품종이다.

(2) 주요특성

(가) 육성특성

무등대추는 수세가 강하고 수자는 개장성으로 결실연령이 빠르다. 개화기는 6월 중순으로 나주지방에서 만개기가 6월 22일 경이다. 오후 개화성 품종

<그림 2-1> 무등대추 (과실)

으로 개화수가 많고 격년결과성이 적다.

<표 2-1> 주요 생육특성 및 과실 특성

품종	발아기 (월.일)	만개기 (월.일)	숙기 (월.일)	과중 (g)	당도 (°Bx)	과형	과피색	과형	품 질	
									생과	건과
무 등	4.20	6.22	10.5	10.0	30.5	장원형	암적갈	연	극상	극상

(나) 결실특성

무등대추는 숙기가 10월 상순으로 나주지방에서 수확기가 10월 5일 경이다. 과중은 10g으로 대과종이며 과형은 장원형이다. 과피는 얇고 암적갈색이

<그림 2-2> 무등 대추 (착과상태)

며 과육은 육질이 연하고 당도가 30.5 °Bx로서 고당도 품종으로 생과품질이
극히 우수하다.

(다) 수량성 및 상품성

무등대추는 수량성이 1,200kg/10a로 풍산성이다. 열과가 많고 건조시 부
패과 발생이 많다.

(3) 적응지역

무등대추는 전국재배가 가능한 품종이다.

(4) 재배상의 유의점

- 재배가 가능한 지역이라도 유목인 경우 동해를 받기 쉬우므로 재식후
  3~4년까지는 겨울에 보온 대책을 세워 나무를 보호해 주어야 한다.
- 대추는 자가결실율이 낮으므로 수분수 품종으로 다른 우량품종을 20%
  정도 혼식한다.
- 성목기에 도달하면 솎음전정 위주로 전정을 실시하여 가지가 번무하지
  않도록 한다.
- 빗자루병이 발생되므로 병원균을 매개하는 마름무늬매미충을 정기적으
  로 방제한다.

2) 금성(錦城) 대추

(1) 선발경위

금성대추는 1968년에 과수연구소에서 전국에 산재되어 있는 지방종 중 우량
시되는 254계통을 조사하여 1971년에 유망시되는 27계통을 1차 선발한 후
1980년에 Jh-12가 극히 우수하여 최종 선발하여 명명한 품종이다.

(2) 주요특성

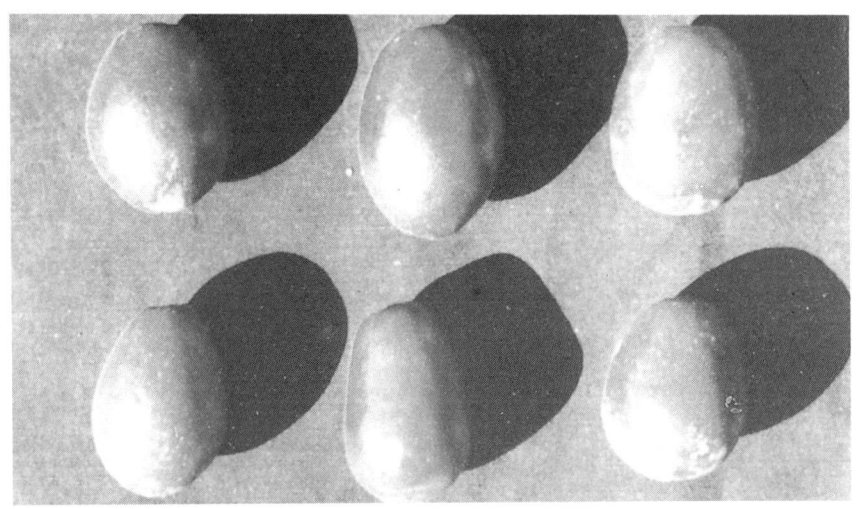

<그림 2-3> 금성대추

<그림 2-4> 금성대추 (착과상태)

(가) 육성특성

금성대추는 수세가 강하고 수자는 개장성으로 결실연령이 빠르다. 개화기는 6월 중순으로 나주지방에서 민개기가 6월 22일 경이다. 오후 개화성 품종으로 개화수가 많고 격년결과성이 적다.

(나) 과실특성

금성대추는 열기가 10월 상순으로 나주지방에서 수확기가 10월 6일 경이다. 과중은 8.6g으로 중정도이며 과형은 타원형이다. 과피는 얇고 적갈색이며 과육은 육질이 연하고 당도가 29.8°Bx로서 고당도 품종이다.

(다) 수량성 및 상품성

금성대추는 수량성이 900kg/10a로 풍산성이다. 후기열과가 많은 편이며 건과품질이 극히 우수하다.

<표 2-2> 주요 생육특성 및 과실 특성

품종	발아기 (월.일)	만개기 (월.일)	숙기 (월.일)	과중 (g)	당도 (°Bx)	과형	과피색	육질	품 질	
									생과	건과
금 성	4.19	6.22	10.6	8.6	29.8	타원형	적갈	연	상	극상

(3) 적응지역

금성대추는 전국재배가 가능한 품종이다.

(4) 재배상의 유의점

- 재배가 가능한 지역이라도 유목인 경우 동해를 받기 쉬우므로 재식후 3~4년까지는 겨울에 보온 대책을 세워 나무를 보호해 주어야 한다.
- 대추는 자가결실율이 낮으므로 수분수 품종으로 다른 우량품종을 20% 정도 혼식한다.
- 금성대추는 특히 내음성이 약한 편이므로 밀식을 피하고 햇빛을 수관 내부까지 고르게 비치도록 해준다.
- 성목기에 도달하면 솎음전정 위주로 전정을 실시하여 가지가 번무하지 않도록 한다.
- 수확시 건과로 이용할 과실은 과피전면이 모두 착색될 때 수확하면 당도가 높아 알콜발효가 일어나 당분이 변질되고 조직이 연화되기 쉬우므로 착색이 30% 정도 되면 수확하여 건조하는 것이 좋다.

• 빗자루병이 발생되므로 병원균을 매개하는 마름무늬매미충을 정기적으로 방제한다.

3) 월출(月出) 대추

(1) 선발경위

월출대추는 1968년부터 과수연구소에서 전국에 재배되고 있는 254계통의 지방종을 조사하여 1971년 유망시되는 27계통을 1차 선발한 후 1980년에

<그림 2-4> 월출대추 (착과상태)

Jj-3가 우수성이 인정되어 2차 선발한 후 1987년에 최종 선발하여 명명한 품종이다.

(2) 주요특성

(가) 육성특성

월출대추는 수세가 강하고 수자는 개장성으로 결실연령이 빠르다. 개화기는 6월 중순으로 나주지방에서 만개기가 6월 21일 경이다. 오후 개화성으로 개화수가 많으며 격년 결과성이 적다.

(나) 과실특성

월출대추는 열기가 10월 상순으로 나주지방에서 수확기가 10월 5일 경이다. 과중은 9.4g으로 대과종이며 과형은 장원형이다. 과피는 암적갈색이며 과육은 육질이 연하고 당도가 30.5° Bx로서 높아 생과 품질이 극히 우수하다.

(다) 수량성 및 상품성

월출대추는 수량성이 660kg/10a로 중정도이다. 열과 및 부패과율이 적다.

<표 2-3> 주요 생육특성 및 과실 특성

품종	발아기 (월.일)	만개기 (월.일)	숙 기 (월.일)	과중 (g)	당도 (°Bx)	과형	과피색	육질	품 질	
									생과	건과
월 출	4.20	6.21	10.5	9.4	30.1	장원형	암적갈	연	극상	극상

(3) 적응지역

월출대추는 전국재배가 가능한 품종이다.

(4) 재배상의 유의점

 • 재배가 가능한 지역이라도 유목인 경우 동해를 받기 쉬우므로 재식후

3~4년까지는 겨울에 보온 대책을 세워 나무를 보호해 주어야 한다.

• 대추는 자가결실율이 낮기 때문에 수분수 품종을 20% 정도 혼식한다.

<그림 2-6> **월출대추(괴실)**

• 성목기에 도달하면 솎음전정 위주로 전정을 실시하여 가지가 번무하지 않도록 한다.
• 빗자루병이 발생되므로 병원균을 매개하는 마름무늬매미충을 정기적으로 방제한다.

4) 지방종

무등, 금성, 월출 이외에 과거부터 많이 재배되어오고 있는 지방종으로서 복조, 보은대추, 산조 등이 있다.

(1) 복조

경상남북도 지방에서 오래 전부터 재배해온 지방종으로서 복조로서의 고유한 형질을 지니지 못한 채 변이의 폭이 넓고 균일도가 낮다. 그러나 대체적인 복조의 특성은 나무 자람세가 개장성이고 오후 개화성이며 숙기는 10월 상순경이다. 과실은 큰 편이고 당도도 높으나 나무간에 과실이 고르지 못한 열과가 되는 경향이 있다.

(2) 보은대추

보은대추는 충청남북도 일원에서 오래전부터 재배되어 오던 품종으로서 나무의 자람세는 직립성이고 오전 개화성이며 숙기는 9월 하순경으로 조생종에 속한다. 과실 크기는 5g 정도로 작은 편이고 당도는 보통이다. 핵속에 종자(仁)가 전혀 없는 것이 특색이다.

(3) 산조(酸棗)

산조는 과실의 특성상 대추 우량품종에 속할 수는 없지만 종자의 발아가 용이하므로 대추 대목용으로 사용되거나 한약제로 쓰이는 품종이다.

<그림 2-7> 복조

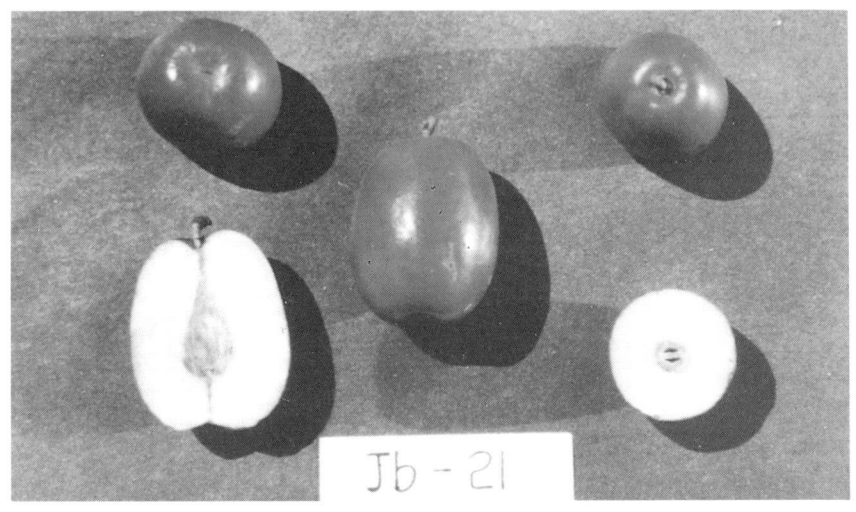

<그림 2-8> 보은대추

좌 : 대추재래종,   중 : 산조B형(핵이 구형임),   우 : 산조A형 (핵이 타원형임)
<그림 2-9> 산조와 대추의 비교

수고(樹高)는 3~4m 정도로 일반 대추품종보다 작은 편이고 잎과 과실의 크기도 대추의 절반 크기에 불과하다. 과육은 신맛과 떫은 맛이 강하여 생식용으로 부적합하며, 말리면 핵(核)에 비하여 과육률이 너무 낮아서 가식부(可食部)가 적으므로 결국 산조는 핵 내에 들어 있는 종자(酸棗仁)만을 이용하는 것이 보통이다. 핵은 타원형과 구형으로 구분되는데 구형의 것이 타원형의 핵을 가진 과실에 비하여 숙기가 일주일 정도 더 빠르고 과실 및 핵의 크기도 더 작다.

핵의 봉합조직이 비교적 약하여 쉽게 분리되므로 발아가 용이하며 특히 종자(仁)가 대추에 비하여 매우 충실하다.

◇ 참고문헌 ◇

1. Ackerman, W. L. 1960. Flowering, pollination, selfsterility and seed development of Chinese jujube. Proc. Amer. Soc. Hort. Sci. 77:265 -269.

2. 本田濟譯. BC 206 – AD 5. 漢書地理志. 樂浪條. 中國. 平凡社.

3. 本田濟譯. 220 – 265. 三國志魏志東夷傳. 中國. 平凡社.

4. 任慶彬. 1975. 有用植物繁殖學.

5. 曾錫恩. 1979. 印度棗(*Zizyphus mauritiana* L.) 經濟果樹 下卷. 227 – 234. 豊年叢書.

6. 鄭台鉉. 1957. 韓國植物圖鑑.

7. 菊池秋雄. 1948. 果樹園藝學 上卷 : 401 – 409. 養賢堂.

8. 金容碩·洪庚憲·金月洙. 1981. 대추 優良品種選拔. 農事試驗研究報告 23(원예, 잠업) : 24 – 33.

9. 金容碩·洪庚憲·金月洙·曹祥圭·朴壽福·宋正未. 1980. 대추 地方種 의 分布와 그 特性에 關하여. 農事試驗研究報告 22(원예, 잠업) : 45 – 55.

10. 五十嵐孝治. 1953. 果樹栽培の實際 : 532. 泰文館.

11. 曲澤洲. 1943. 華北棗品種の研究. 日本園藝學會雜誌 14(2) : 70 – 74.

12. 賈思勰. 530-550. 齊民要術. 中國.

13. 李光然 外 6人. 1976. 果樹栽培大典. 興農種苗出版部.

14. Sadhu, M. K., Ghosh, S. K. and Bose, T. K. 1978. Mineral nutrition of fruit plants. II. Effect of different levels of nitrogen, phosphorus and potassium on growth, flowering, fruit set and tissue composition of jujube (*Zizyphus jujuba* L.). Mysore J. Agric. Sci. 12 : 101-105.

15. 諶克終. 1968. 最新果樹園藝學 : 707-710. 台灣.

16. Singh, K. K. 1964. The ber in India 17 : 31. New Delhi.

17. Tagier, T. M. 1976. *Zizyphus jujuba* in Azerbaijan. Sadovodstuv 12 : 31-33.

18. 耽煊. BC 1000-600. 詩經. 中國. 商務印書館.

19. 上原敬二. 1970. 樹木大圖說 : 1067-1071. 有明書房.

제3장 재배환경

대추나무는 한 번 심으면 30여년 이상의 긴 기간을 그 자리에서 자라게 된다. 따라서 환경조건은 그 영향이 매년 누적되어 어느 시기에 가서는 과수원 경영의 성패를 좌우하게 되는 수도 있다.

대추나무의 재배와 관계가 깊은 환경요소는 크게 기후적 요소(기온·강수량·햇볕·바람·서리 등), 토양적 요소(수분·통기·지온·비료·기지물질·지형 등), 생물적 요소(화분매개곤충·노력·병해충 중간기주 등), 경제적 요소(노임·과실의 생산자재가격·운송비 등) 등으로 구분할 수 있다. 그러나 그 중에서도 대추재배의 적지를 결정하는 가장 중요한 것은 기온·강수량·햇볕 및 토양조건이라고 할 수 있다.

1. 기상조건

1) 기온

우리나라는 면적이 작은 편이지만 남북으로 길게 뻗어내린 반도형 지형이므로 남단과 북단의 기온 차이가 크다.

우량한 품질의 과실을 생산하기 위해서는 대추의 생육에 적합한 온도범위가 필요할 뿐만 아니라 잎의 광합성과 당(糖)의 전류 또는 과육세포의 성숙에 필요한 양의 온열을 나무에 공급해 주지 않으면 안된다.

대추는 기후에 대한 적응성이 매우 넓은 과수로서 특히 추위와 더위에 견디는 힘이 강하므로 우리나라 대부분의 지역에서 재배가 가능하다. 즉, 1월의 평균기온이 -10.6℃ 이상되거나, 최저 극기온이 -30℃ 이하로 내려가지 않는 지역이라야 한다.

그러나 대추의 온도에 대한 적응범위가 넓기는 하지만 생육적온은 25~30℃의 고온이므로 재배적지는 중부이남 지방이라고 볼 수 있다. 대추나무는 고온건조하에서 생육하는데 알맞다는 것은 대추나무의 발아와 개화 습성을 보면 쉽게 알 수 있다. 즉, 대추나무는 봄철의 평균기온이 12~15℃ 이상되어야 발아하므로 다른 과수에 비하여 더 높은 발아온도가 요구되고 발아시기도 20여일 이상 더 늦다.

또한 개화 및 착과시기도 1년중 온도가 가장 높은 6월 중순부터 7월 하순 사이이므로 대추나무는 생리적으로 높은 온도를 좋아한다. 특히 개화기간 중에 온도가 높고 건조한 지역일수록 결실량이 많고 과실의 품질도 우량하다.

2) 지온

대추나무 뿌리는 대체로 10℃ 전후부터 활동하기 시작하여 20~25℃에서 최고가 되고, 그 이상의 온도에서는 생육이 억제된다. 따라서 봄철에 일찍 지온이 높아질수록 세근(細根)의 신장이 빨라지고 수액의 유동도 활발해지므로 결과적으로 신초수가 많고 발아일과 개화일도 빨라져 과실의 발육에 유리하게 된다.

토양 표층의 지온은 기온과 더불어 태양의 복사열에 의해서도 큰 영향을 받는다. 즉, 태양고도·지형·재식밀도·초생·부초·멀칭 등 토양 피복물의 영향을 받는다.

일반적으로 태양광선과 직각에 가까운 각도을 이루는 지면일수록 단위면적당 에너지 수용량(受容量)이 많기 때문에 특히 높은 온도를 요구하는 대추 과수원은 남향의 완만한 경사지가 온도 이용면에서 유리하다고 할 수 있다.

3) 강수량

대추의 과실과 잎은 생체중의 65~70%, 가지나 줄기는 약 50%가 수분으로 조성되어 있어 수분이 수체 구성물질로 중요한 역할을 할 뿐만 아니라 여러 가지 영양분의 용매(溶媒)로서 흡수와 이행에 관계하며 수체내의 모든 유기물을 합성 또는 분해하는데 필수적인 성분이다. 이와 같은 수분은 대부분 토양으로부터 공급되고 토양수분은 대체로 강우에 의하여 공급된다.

대추나무는 재배에 있어서 기온이 적당한 범위 내에 있을 경우에는 4월부터 10월에 걸친 생육기 중 강수량의 다소가 그해의 대추재배에 결정적인 영향을 끼친다.

우리나라는 연중 강수량이 대체로 900~1,300㎜로서, 전체적인 강수량은 적당한 편이지만 개화 및 결실기인 6월부터 8월 사이에 집중되므로 대추의 결실에 악영향을 끼치게 된다.

대추나무의 뿌리는 토양 중에서 수분을 흡수하는 동시에 토양공극 중에서 산소를 흡수하여 호흡작용을 해야 생장할 수 있다. 따라서 토양 중에는 수분과 공기가 적당히 있어야 하는데, 토양수분이 많아지면 공기함량이 적어지고, 반대로 공기가 많아지면 수분함량이 적어지는 상호대립된 관계가 있다. 그러므로 비가 부족할 때에는 관수를 해주어야 하고, 비가 많이 오는 장마철에는 배수관리를 철저히 해야 한다.

대추나무의 생육기간 중 수분이 부족할 경우 가지·잎·과실 등의 사이에 수분 쟁탈이 일어나는데, 이때에는 과실내의 수분이 가지·잎 등에 빼앗기므로 먼저 과실이 시들어 낙과되고 다음에 잎과 가지가 시든다.

대추나무는 대부분의 핵과류와 마찬가지로 건조에는 강한 편이지만 내습성(耐濕性)은 매우 약하여 단기간의 침수에 의해서도 낙과 및 낙엽이 유발되며, 심할 경우에는 나무 전체가 고사되는 수도 있다.

4) 햇볕

대추는 햇볕쬐임이 부족하면 가지가 웃자라고 결실이 불량하며 과실의 품질도 떨어져서 경제적 재배가 곤란하므로 햇볕이 잘 쬐는 장소를 택하여 나무를 심되 재식거리·전정 등을 알맞게 하여 나무의 내부까지 햇볕이 고루 쬐이도록 해야 한다. 우리나라는 6월 중순부터 7월에 걸쳐 장마가 들기 때문에 이 기간중 일조부족현상이 나타나기 쉽다. 대추나무는 발아시기가 다른 과수보다도 20여일 이상 늦기 때문에 새가지의 생장도 6·7월 중에 활발히 이루어진다. 새가지가 생장하기 위해서는 단백질과 탄수화물이 충분히 공급되어야 하는데, 단백질은 뿌리에서 흡수한 무기태질소와 잎에서의 광합성 작용에 의한 탄수화물이 화학반응을 통하여 아미노산을 만들고 이들 아미노산이 서로 합해져서 단백질을 생성한 후 생장에 이용된다.

따라서 빈번한 강우로 인하여 일조시간이 짧아지면 광합성 양이 감소될 뿐만 아니라 뿌리에서의 질소 흡수량이 많아지므로 새가지의 생장이 촉진되어 그만큼 더 탄수화물의 소비가 많아진다. 이와 같이 햇볕쬐임이 부족하면 수관 내부가 번무하여 수체 내의 탄수화물이 더욱 더 고갈되는 것과 때를 같이하여 많은 개화에 의하여 양분소모가 가속화되므로 대추나무 재배의 최종 목표인 대추의 결실상태가 극히 불량해지는 것이다.

2. 토양조건

대추나무를 비롯한 모든 과수는 필요한 양분과 수분을 토양으로부터 흡수하여 이용한다. 그러므로 토양은 나무가 필요로 하는 양분과 수분을 함유하는 모체(母體)이며, 뿌리의 생장이나 흡수작용과는 관계가 깊은 환경요소로서 매우 중요하다.

1) 토양의 깊이

대추나무는 어느 토양에서도 비교적 생육이 순조롭기 때문에 토양의 적응성이 넓은 과수이기는 하지만 양질의 과실을 다수확하기 위해서는 토양이 깊은 곳을 선택하여 재배해야 한다. 토양의 깊이란 나무 뿌리가 뻗어 들어갈 수 있는 토층의 깊이를 말한다. 토양이 비옥하더라도 지하수위가 높거나 지표 가까이 암반이 있으면 근군(根群)분포가 제한되기 때문에 대추나무 재배에 적당한 토양이라고 할 수 없다.

토양이 깊은 곳에 나무를 심게 되면 뿌리가 깊이 뻗어 들어가 양분과 수분을 흡수할 수 있으므로 비료를 적게 주어도 자연지력으로 보충할 수 있다. 또한 뿌리가 깊게 분포되어 있으므로 가뭄의 피해가 적고 동해도 적게 받는다. 즉, 생육기간 중에 가물더라도 땅속 깊은 곳에서는 토양수분이 상당량 함유되어 있으므로 깊이 뻗은 뿌리가 이 수분을 흡수하여 가뭄을 극복할 수 있다.

2) 토양의 통기성

대추나무의 뿌리는 호흡력(呼吸力)이 매우 강하므로 토양의 통기성이 좋아야 한다. 일반적으로 대추를 포함한 핵과류의 나무가 정상적인 생장을 하기 위해서는 토양 중의 산소농도가 10% 이상 되어야 하나, 약 5%의 산소가 있을 때에는 새 뿌리의 생장이 중지되며, 2% 이하가 되면 뿌리가 가늘어지고 결국 흑갈색으로 변하여 거의 괴사한다고 한다.

이와 같이 토양 중의 산소농도가 낮아져 뿌리의 호흡이 억제되면 양분과 수분의 흡수도 방해되는데 이때에는 질소의 흡수에 비하여 칼슘(Ca)·칼륨(K)·마그네슘(Mg)등 과실의 품질에 밀접한 관계가 있는 성분의 흡수가 현저하게 감소된다고 한다.

3) 토성

대추나무는 토성(土性 : 토양의 물리적 성질)에 따라 나무의 생육이 큰 영향을 받게 된다. 토양의 입자(粒子)가 미세한 질흙(埴土)의 경우에는 입자간의 공극(孔隙)이 적어서 공기의 유통과 배수가 불량하기 때문에 나무의 생장이 억제된다.

이와 반대로 입자가 큰 모래땅의 경우에는 입자간의 공극이 크기 때문에 수분 및 공기의 투과가 좋지만 보수력(保水力)이 약하므로 나무의 생육이 제한을 받게 된다. 그러므로 토양 내의 통기성과 보수력의 측면에서 볼 때 대추나무의 생육에는 모래참흙이 가장 좋다고 할 수 있다.

토성에 따라 나무의 양분흡수력도 큰 차이를 나타낸다. 즉, 질흙은 양분의 흡수력이 강하고 지력(地力)도 우수하지만 시비량이 적을 경우에는 나무의 흡수력보다는 토양의 흡수력이 더 강하여 비효가 제대로 나타나지 않는다. 그러나 화학비료를 과용할 때의 고농도장해의 위험성은 모래땅의 경우보다 적어진다.

모래땅은 양분의 흡수력이 약하기 때문에 나무가 쉽게 양분을 흡수할 수 있으므로 시비 후 초기의 생육은 왕성하지만 비료분이 쉽게 용탈되므로 생육도중에 지력이 급격히 감퇴한다. 그러므로 모래땅의 경우에는 비료를 여러 차례로 나누어 시용해야 하고 또 1회의 시비량이 과다하지 않도록 해야 한다.

4) 지형

(1) 평지(平地)

평지는 일반적으로 토양이 비옥하고 작업이 편리하지만 땅값이 비싸고 배수가 불량한 편이어서 대추나무 재배에 그다지 많이 이용되지 못하고 있는 실정이다.

대추나무는 배수가 안되는 곳에서는 재배할 수 없으므로 평지에서 가장 유의해야 할 점은 배수상태이다. 배수만 잘 되는 곳이라면 대추나무도 경사지보다는 평지에서 재배하는 것이 유리하다. 그러나 우리나라는 평지면적이 적기 때문에 국토의 효율적인 이용 측면에서 평지에는 식량작물을 재배하고 15도 이상의 경사지 또는 평지라고 하더라도 척박하여 다른 작물을 재배하기 곤란한 곳에는 대추나무를 재배하는 것이 바람직하다.

(2) 경사지

경사지는 땅이 비옥하지 못하지만 대개 배수가 잘 되고 땅값이 싸다. 그러나 작업에 불편하고 토양침식이 심하며 표토가 얇을 뿐만 아니라 지력이 척박하므로 이러한 지역에 대추나무를 재배할 경우 양분부족·건조·일소피해 등을 받기 쉽다.

이와 같이 경사지의 단점인 토양의 척박·표토의 유실·수분부족 등을 방지하기 위해서는 우선 토양의 심경(深耕)과 유기물의 투입에 힘쓰고, 지면에는 피복작물을 재배하면서 자주 깎아 나무 밑에 깔아줌으로써 지력을 증진시켜야 한다.

◇ **참고 문헌** ◇

1. 金正浩 外 21人. 1986. 三訂 果樹園藝學總論. 鄕文社.
2. Lyrene, P . M. 1983. Flowering and fruiting, of Chinese jujube in Florida. HortScience 18(2) : 208-209.
3. 오왕근·신건철. 1986. 과수원 토양관리와 비료. 가리연구회.
4. Tagier, T. M. 1976. *Zizyphus jujuba* in Azerbaijan. Sadovodstuv 12 : 31-33.

제4장 대추나무의 생육과정

1. 휴면과 발아

1) 휴면(休眠 : Dormancy)

휴면이란 작물체의 어느 부분 또는 전부가 생명활동을 최소한으로 유지함으로써 내적 및 외적인 불리한 조건에서 살아 남을 수 있는 그 작물체 특유의 생명유지 현상으로 볼 수 있다.

대추나무의 경우, 예를 들어 겨울 동안에도 계속 생장하고 있다면 생장중인 조직은 내한성(耐寒性)이 약하므로 동해(凍害)를 받지만, 실제로는 생장을 멈추고 낙엽이 됨으로써 자연적으로 추위를 극복할 수 있게 된다. 따라서 대추나무의 내한성과 휴면현상과는 밀접한 관계가 있기 때문에 수체의 생명유지를 위하여 휴면현상은 매우 중요한 의미를 갖는다.

대추나무의 휴면은 자발휴면(自發休眠 : dormancy)과 타발휴면(他發休眠 : quiescence)으로 구분할 수 있다. 자발휴면은 〈그림 4-1, 4-2〉에서 보는 바와 같이 대추나무의 생육에 적당한 햇볕·온도·습도조건을 부여해 주더라도 10월부터 12월사이에는 발아소요일수가 20일 이상 소요되고, 1개월 동안의 신초생장량도 1cm 이하로서 생육이 거의 정지된 상태이므로 이 기간이 대추나무의 자발휴면에 해당된다.

그러나 1월에 들어서면서 발아소요일수가 짧아지고 대추나무의 신초생장속도도 빨라짐으로써 점차 휴면에서 깨어나다가 2월 경에는 거의 휴면이 타파된다. 자연상태하에서 대추나무의 발아시기는 4월 하순경으로서 2월부터 4월 사이에는 대추나무가 발아하여 생육을 개시할 소질을 가지고는 있으나

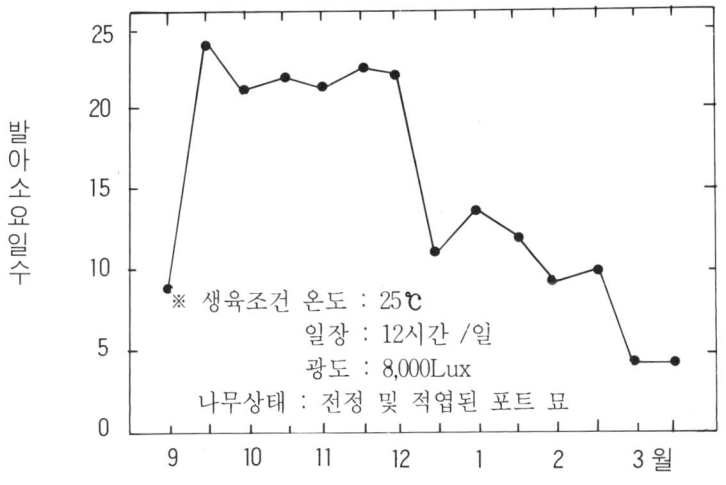

<그림 4-1> 대추나무 휴면과 발아 소요일수 (김 등, 1982)

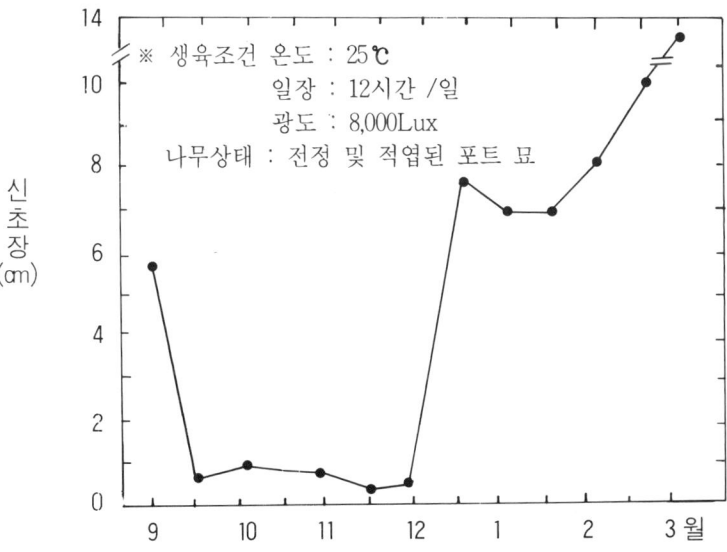

<그림 4-2> 대추나무 휴면과 신초생장량 (김 등, 1982)

기온 및 지온이 너무 낮아서, 즉 외부의 환경요인에 의하여 강제휴면을 하고
있는 기간이므로, 이를 타발휴면이라고 한다.

또한 어느 시기에 대추나무의 휴면이 가장 깊은 상태인가를 알아보기 위
하여 이상적인 생육조건이 갖추어진 생육상(生育箱)내에서 대추나무가 6cm
정도 생장하는데 소요되는 기간을 조사한 바 〈그림 4-3〉에서와 같이 12월
10일에 채취하였던 대추나무가 3개월간이나 걸렸으므로 이때가 가장 깊은
휴면기간으로 볼 수 있다. 10월·11월·12월 하순도 비교적 깊은 휴면 중이
었으나 1월 이후에는 휴면이 신속하게 타파된다.

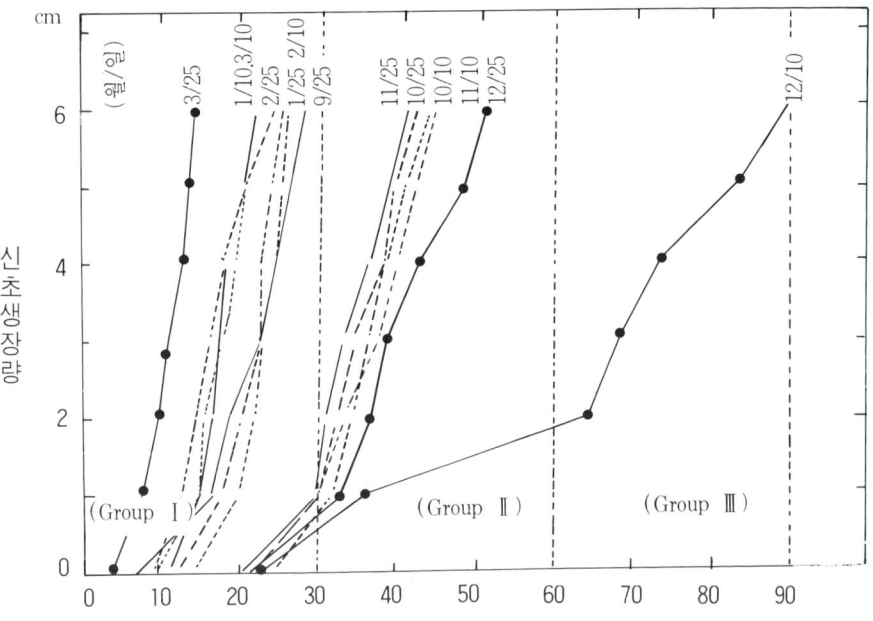

〈그림 4-3〉 휴면의 깊이와 신초생장 속도와의 관계 (김 등, 1982)

열대 및 아열대 지방에서 재배되고 있는 대추나무는 내한성이 극히 약하
기 때문에 겨울철에 빙점(氷點) 이하로 기온이 내려가는 온대지방에서는 특

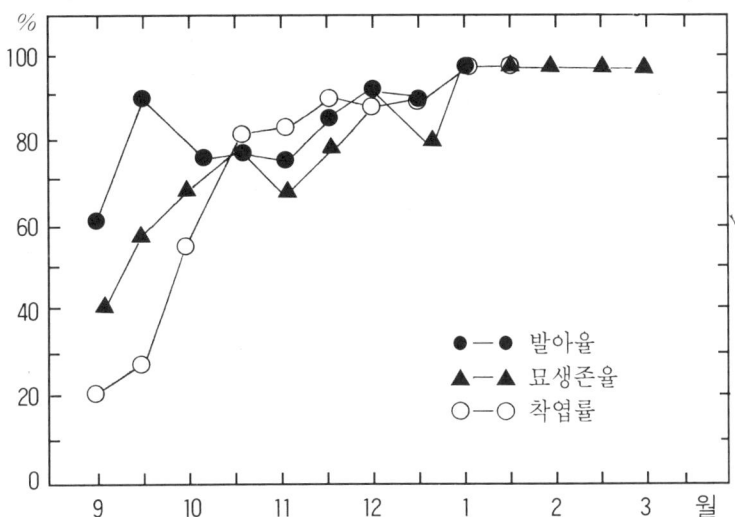

<그림 4-4> 시기별로 생육상 내에 반입된 대추나무의 발아율·묘목생존율·착엽
율(着葉率)의 변화   (김 등, 1982)

<그림 4-5> 휴면타파가 안된 나무(우 1, 2, 3)와 휴면타파가 완료된 나무(좌)가 생육하는
모양   (김 등, 1982)

별한 보온시설이 없는 한 재배가 불가능하다. 그러면 이와는 정반대로 온대 지방에서 재배하고 있는 대추나무를 열대나 아열대 지방에서 재배할 수 있을 까. 그것도 불가능하다. 왜냐하면 열대나 아열대지방은 겨울철이 춥지 않기 때 문에 자연상태에서 휴면이 타파되지 않으며 그렇게 되면 〈그림 4-4, 4-5〉에 서 보는 바와 같이 발아율이 낮고 낙엽이 심해지며 결국 나무가 고사해버리 게 된다.

따라서 열대대추는 추위 때문에 온대지방에서 재배될 수 없고, 반대로 온 대대추는 일정기간 이상 추위가 없이는 휴면타파가 불안정하기 때문에 열대 나 아열대 지방에서 재배할 수 없다.

대추나무가 자발휴면에 진입되는 원인은 가을철에 접어들면서 일장(日長 :

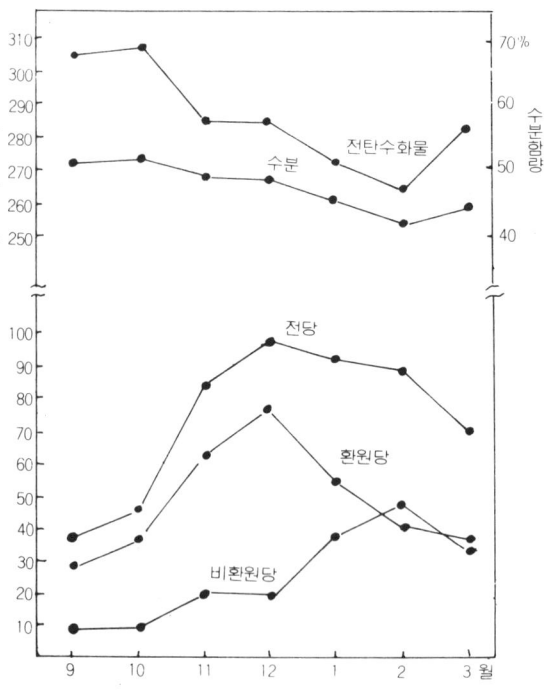

<그림 4-6> **대추나무 휴면기간중의 수체내 탄수화물 함량 변화** (김 등, 1982)

햇볕 비치는 시간)이 점차 짧아지면 이러한 일장의 변화를 대추잎에서 감지한 후 생장억제물질(生長抑制物質)을 생성한다. 이 생장억제물질은 대추를 비롯한 여러 종류의 낙엽과수에서 엡사이신(abscisic acid : ABA)으로 밝혀지고 있는데, 주로 성숙된 잎에서 만들어져서 눈의 인피(鱗皮 : scale)로 이동된다고 한다. 대추나무 휴면의 진입은 단일조건과 함께 야간의 기온 저하도 휴면을 가속화시키는 상보적인 역할을 하므로 결국 단일과 저온이 대추나무 휴면을 유기하는 조건이 된다.

일단 대추나무가 휴면에 진입되면 〈그림 4-6〉에서 보는 바와 같이 수체내의 당질함량이 급격히 높아짐으로써 세포의 삼투압(滲透壓)이 증가되고 빙점(氷點)이 낮아져서 내동성(耐凍性)이 증대되는 것이다. 이와 같이 대추나무가 깊은 휴면 중에 있을 때에는 -30℃까지도 충분히 견뎌 낸다고 한다.

대추나무가 자발휴면에서 깨어나기 위해서는 일정기간 이상 저온에 경과되어야 하는데 이것을 저온요구(低溫要求 : chilling requirement)라 하며 이

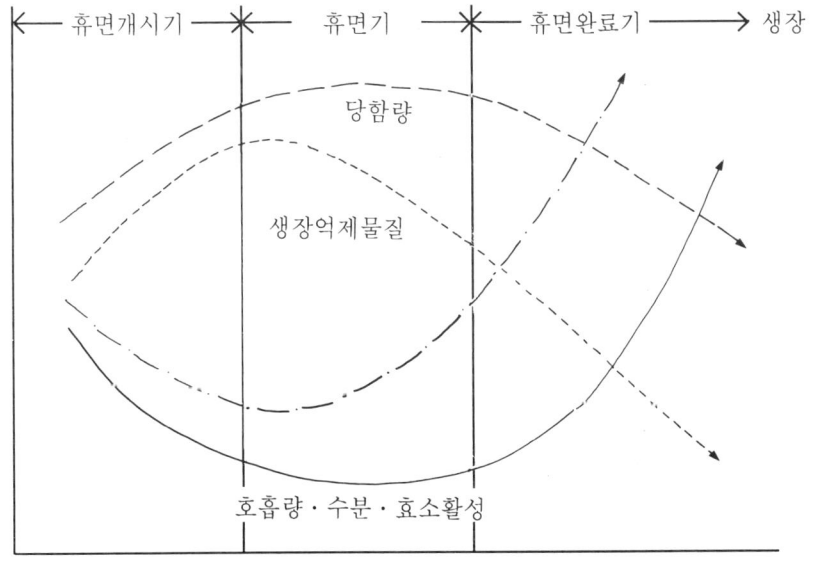

〈그림 4-7〉 대추나무 휴면단계별 수체내 대사활동 및 성분의 변화 (김 등, 1982)

저온요구량은 일반적으로 7.2℃ 이하에서의 기간으로 나타내는데 대추나무
는 약 3개월 정도가 경과되면 자발휴면에서 깨어나게 된다. 이처럼 저온에
의하여 대추나무의 휴면이 타파될 수 있는 것은 〈그림 4-7〉에서와 같이 생
장억제물질인 각종 효소의 활성이 증가되어 점차 잠에서 깨어나게 되는 것
이다. 여러 가지 효소 가운데 특히 α-아밀라아제(α-amylase)·포스파타아제
(phosphatase) 및 프로테아제(protease) 등 가수분해효소(加水分解酵素)의
활성이 급격히 증가된다.

대추나무의 휴면타파는 자연상태 하에서 7.2℃ 이하의 저온에 장기간 경
과됨으로써 가능하며 또한 생장촉진물질로서 사이토카이닌의 인공합성제인
벤질아데닌(benzyladenine : BA) 처리에 의하여도 조기에 휴면이 타파될
수 있다〈표 4-1〉. 오옥신과 에세폰은 저농도에서 휴면타파의 효과가 있었으
나 고농도에서는 휴면을 조장하였고 지베렐린과 엡사이신은 농도가 높을수
록 휴면타파가 억제되었다.

〈표 4-1〉 생장조정제가 대추나무의 휴면타파에 미치는 영향　　　　　(김 등, 1985)

생장조정제 처 리 농 도 (ppm)	생장조정제별 대추 휴면가지의 발아율(%)				
	벤질아데닌(BA)	지베렐린(GA)	오옥신(IAA)	에세폰	엡사이신(ABA)
0	56.7	48.3	55.0	50.0	53.3
1	65.0	50.0	73.3	73.3	60.0
10	68.3	41.7	65.0	68.3	56.6
50	80.0	23.3	45.0	63.3	48.3
100	83.3	3.3	28.3	47.3	33.3

※ 공시품종 : 금성대추
　　발아조건 : 온도 25℃, 일장 : 12시간/일

대추나무의 지상부가 자발휴면으로부터 깨어났다고 해서 곧바로 발아가
되는 것은 아니며 기온과 지온이 생육개시에 적당한 수준까지 상승되는 4월
하순까지는 타발휴면, 즉 강제휴면을 계속하고 있는 반면에 뿌리는 자발휴면

이 타파되는 2월에 새뿌리(幼根)가 자라기 시작한다〈그림 4-8〉. 따라서 대추나무의 타발휴면은 지상부와 지하부간에 시기적으로 별도의 양상을 나타낸다.

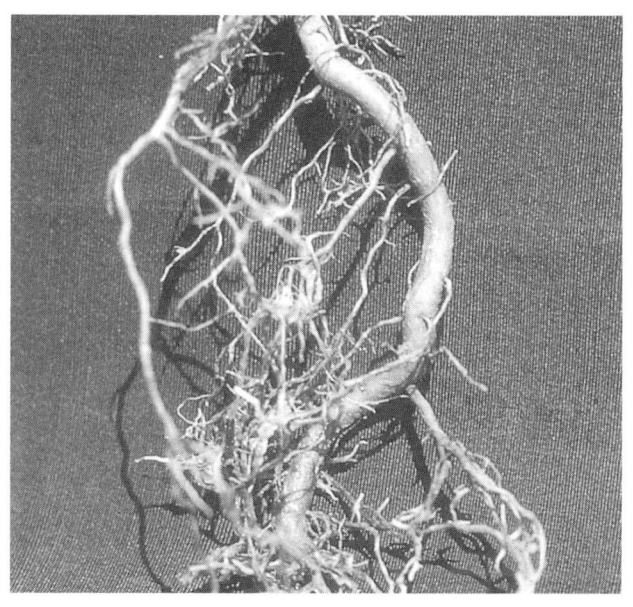

<그림 4-8> 자발휴면 타파 후의 대추 새뿌리 발근상태(2월상순)

2) 발아

대추나무는 2월경에 자발휴면(白發休眠)에서 완전히 깨어나지만 외부의 기온 및 지온이 충분히 높아지지 않으면 타발휴면(他發休眠)의 상태로 발아를 하지 않는다. 이와같은 대추의 타발휴면이 타파되어 발아가 되기까지에는 주로 온도의 영향을 받으며, 일조시간 및 일장과는 깊은 관계가 없다.

〈표 4-2〉에서 보는 바와 같이 10℃ 이하에서는 전혀 발아하지 않으며 15℃에서도 발아율이 매우 낮다. 대추나무의 눈은 혼합아(混合芽)로 구성되어 있어서 가지가 될 눈(營養生長芽, vegetative bud) 하나가 중심부에 위치하

여 있고 그 주변에 잎줄기가 될 눈(生殖生長芽, reproductive bub) 3~7개
가 분포되어 있다.

<표 4-2> 온도 및 일장이 대추나무 발아에 미치는 영향 (김, 1982)

온 도(℃)	일 장 별 발 아 율 (%)	
	장 일(16시간)	단 일(8시간)
10	0	0
15	4.5	4.0
20	85.0	82.5
25	100	100

※ 처리일: '82. 3. 1
　조사일: '82. 3. 15

가지가 될 눈의 발아시에는 항상 잎줄기눈과 같이 발아하지만, 잎줄기눈

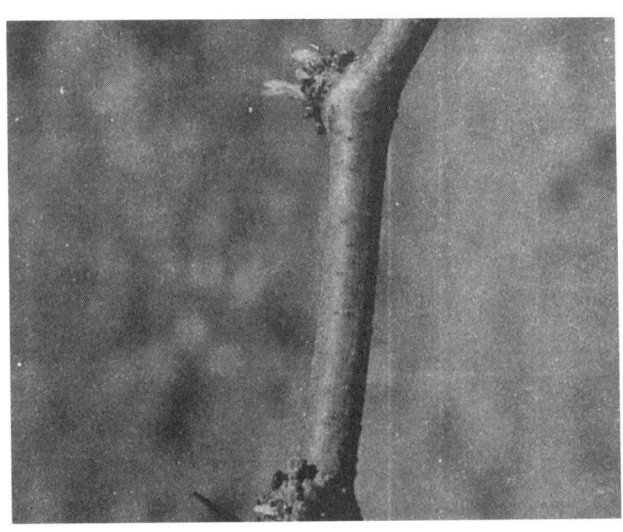

대추나무는 타발휴면 기간이 다른 과수에 비하여 더 길다.
<그림 4-9> 대추나무의 발아

<그림 4-10> 발아된 잎줄기(좌)와 신초(우)의 형태

은 단독으로 발아할 때가 많다. 특히 대추나무의 눈이 오래된 것일수록, 시비량이 적을수록 그리고 전정하는 정도가 가벼울수록 잎줄기눈만 단독으로 발아하는 경향이 현저히 많다<그림 4-10 참조>.

대추의 착과부위는 잎줄기상에 있는 잎의 겨드랑이이므로 수관이 완전히 확대된 성목의 경우에는 잎줄기만 발생하더라도 과실의 품질과 수량에 영향이 없다. 성목기 이전의 나무는 매년 어느 정도의 가지가 발생하고 생장되어

야 하므로 이때에는 시비량을 증가시키고 전정을 적절히 해줌으로써 새가지
가 발생하고 수관이 확대된다.

2. 수체의 생장

대추나무의 눈이 일단 발아되면 전엽과 동시에 가지의 생장이 개시된다. 5
월에는 비교적 완만하게 생장하다가 기온이 높은 6월에는 급속하게 생장한
후 7월에 이르면 생장속도가 점차 둔화되다가 8, 9월에는 생장이 정지되고
가지에 저장양분이 축적되면서 가지가 충실해진다.

일단 생장이 정지된 가지는 태풍이나 병해충에 의하여 조기에 낙엽되지
않는 한 2차 생장은 하지 않는다.

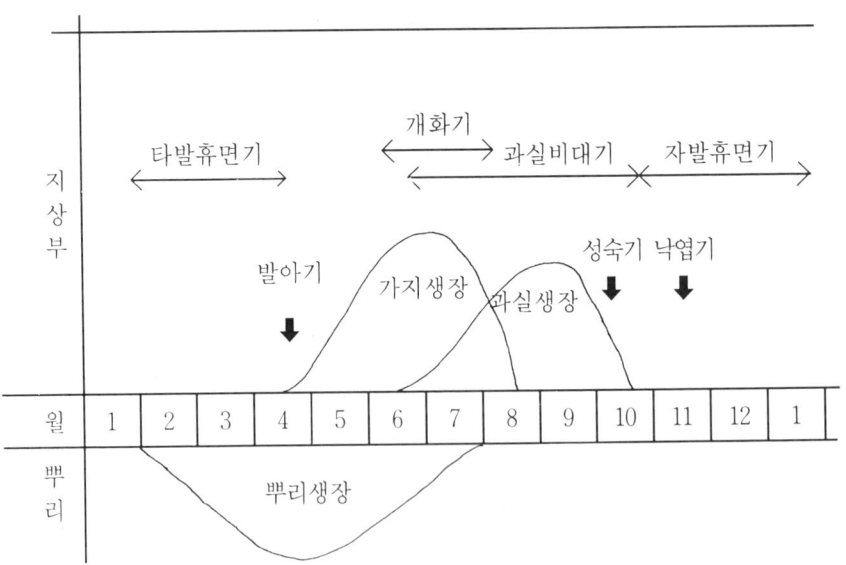

<그림 4-11> 대추나무의 연생장주기와 발육단계

<그림 4-12> 대추나무의 신초의 생장습성

대추나무는 전형적인 정부우세성(頂部優勢性)을 지니고 있으므로 선단부
의 새가지는 생육이 왕성하고, 기부에서 발생한 새가지는 세력이 더 약하다.

3. 개화

일반적으로 대추의 개화는 6월 상중순 경에 시작되어 6월 하순에 개화 최
성기를 이룬 후 개화수가 급격히 감소되면서 7월 하순까지 개화가 계속된다.
<그림 4-14>에서 보는 바와 같이 대추 품종에 관계없이 개화기간은 거의
비슷하게 40~50일간이었으나 개화량은 무등, 금성 및 월출 등의 품종이 Je-
8 및 Jg-10계통보다 2배 정도 더 많았다.
다른 과수에 비하여 대추의 개화기가 이처럼 장기간인 것은 자연적응의
측면에서 볼 때 매우 바람직하다. 즉, 대추는 높은 온도를 좋아하는 과수로서
생육개시기가 비교적 늦을 뿐 아니라 개화기간이 장마기와 중복되므로 장마

<그림 4-13> 대추의 개화모양

가 빨리 오는 해는 늦게 핀 꽃에서 주로 결실되고, 장마가 늦게 오는 해는 빨리 핀 꽃에서 미리 결실되므로 숙명적으로 거쳐야 하는 불리한 자연환경을 슬기롭게 대처해 나가고 있다. 이처럼 대추의 개화기간이 긴 것은 꽃피는 순서(花序)가 취산화서(聚纖花序)라는 점도 있으나, 잎줄기가 생장해감에 따라 꽃봉오리가 잎줄기 기부 쪽에서부터 점차 상단부 쪽으로 분화되므로 〈그림 4-13〉과 같이 잎줄기상의 꽃의 분포가 달라진다는 점이다.

　대추품종간에 개화량에 큰 차이가 있는 것은 나무당 잎줄기의 수에 의해서 좌우되지 않고 잎줄기당 착화수에 의해서 결정되며 대개 수량이 많은 품종일수록 잎줄기당 착화수가 많은 경향이 있다.

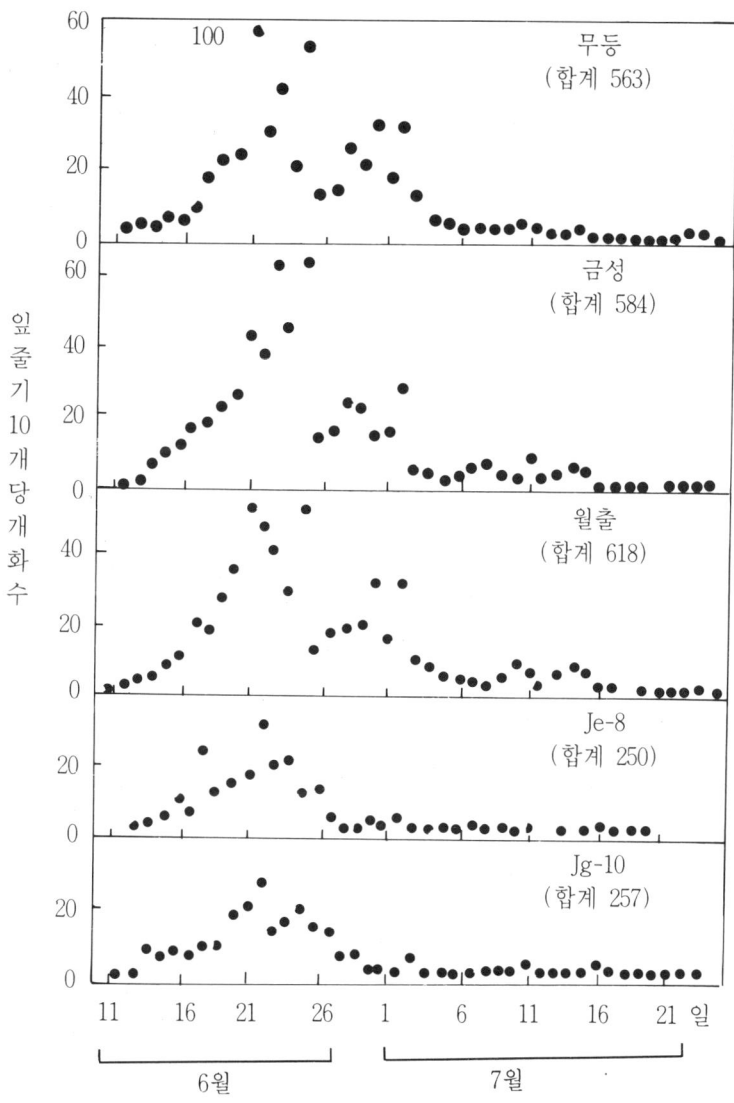

<그림 4-14> 대추품종별 개화분포 (김 등, 1984)

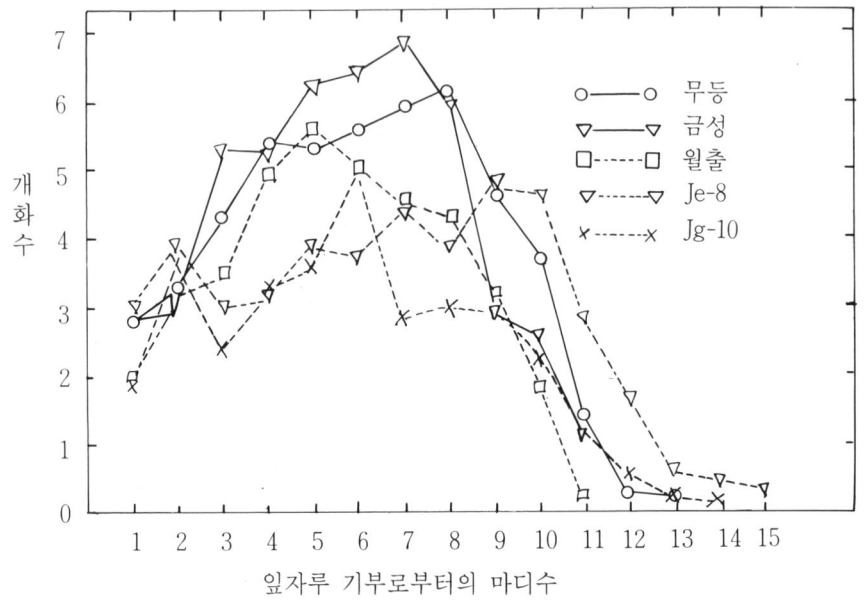

개
화
수

잎자루 기부로부터의 마디수

<그림 4-15> 대추 잎줄기의 마디별 개화분포 (김 등, 1984)

4. 과실비대기

대추 꽃이 수정되어 착과되면 〈그림 4-16〉에서와 같이 과실의 횡경(橫徑)과 종경(縱徑)이 급격히 비대하다가 만개후 50여일경부터 경핵기(硬核期)에 들어가므로 비대가 한동안 완만하게 진행된 후 성숙기에 접어들면서 또 한 차례의 비대 피크를 나타내어 핵과류 과실의 전형적인 2중생장곡선(二重生長曲線, double sigmoid)을 보여 준다.

과중(果重)의 증가는 과실의 횡경·종경의 비대양상과는 달리 착과후 80일 경에 이르기까지는 꾸준히 증가되다가 그 이후 둔화되고 100일 경에는 과실이 담황색(淡黃色)을 띠면서 성숙단계에 들어가고 착과후 110일 경이 되면 과피가 암적갈색으로 변하여 완숙된다.

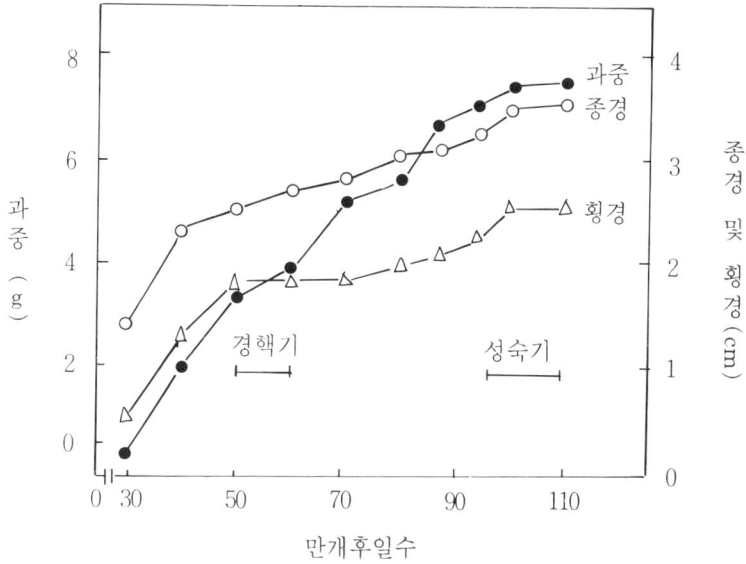

<그림 4-16> 대추의 과실 발육과정(품종 : 금성대추)

<그림 4-17> 대추의 개화와 착과 및 과실비대가 동시에 이루어지고 있는 모양

대추는 품종간에 뚜렷한 숙기 차이가 별로 없어서 사실상 조·중·만생종으로 구별하기가 어렵다. 그러므로 대추의 숙기 차이는 품종보다는 재배지역에 따라서 그리고 같은 재배지역간에도 토질에 따라서 1~2주일 정도의 차이를 나타낸다. 또한 대추는 개화기간이 길어서 6월 중순에 결실된 것과 7월 중순 이후에 결실된 것간에 경우에 따라 1개월 이상의 착과시기의 차이가 생기나 수확기까지 100~110일만 경과되면 과실의 발육이 완료된다. 그 기간이 짧아서 수확시까지 발육이 불충실한 과실은 과중과 품질은 다소 떨어지지만 과실을 건조할 경우 착색에는 지장이 없으므로 모두 과실로 이용할 수 있다.

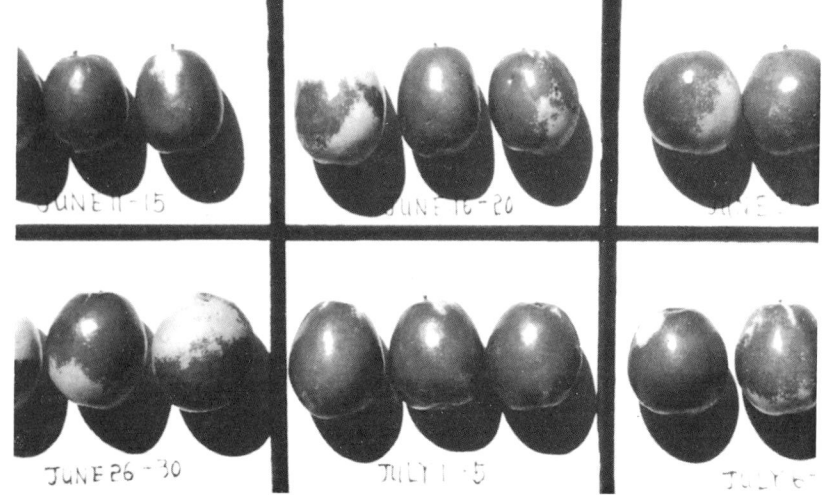

<그림 4-18> 대추의 착과시기별 과실 성숙상태 (상단 좌측부터 각각 6월 11~15일, 16~20일, 21~25일, 6월 26~30일, 7월 1~5일, 6~10일에 착과된 것 : 품종 – 무등대추)

〈그림 4-19〉는 과실이 커감에 따라 과실내에 탄수화물이 축적되는 양상을 보여주고 있다. 대추과실에 들어 있는 당분은 포도당과 과당, 즉 환원당으로서 만개후 70일부터 90일 사이에 급격히 높아졌다가 그후 수확기까지 비교적 완만하게 증가된다. 따라서 만개후 90~100일 경은 과실 착색 초기로

서 이때에 이미 대부분의 당함량이 축적된 상태이므로 곧바로 수확하더라도
과실의 맛과 성분은 완전 착색과와 별차이가 없고 특히 건조용 과실일 경우

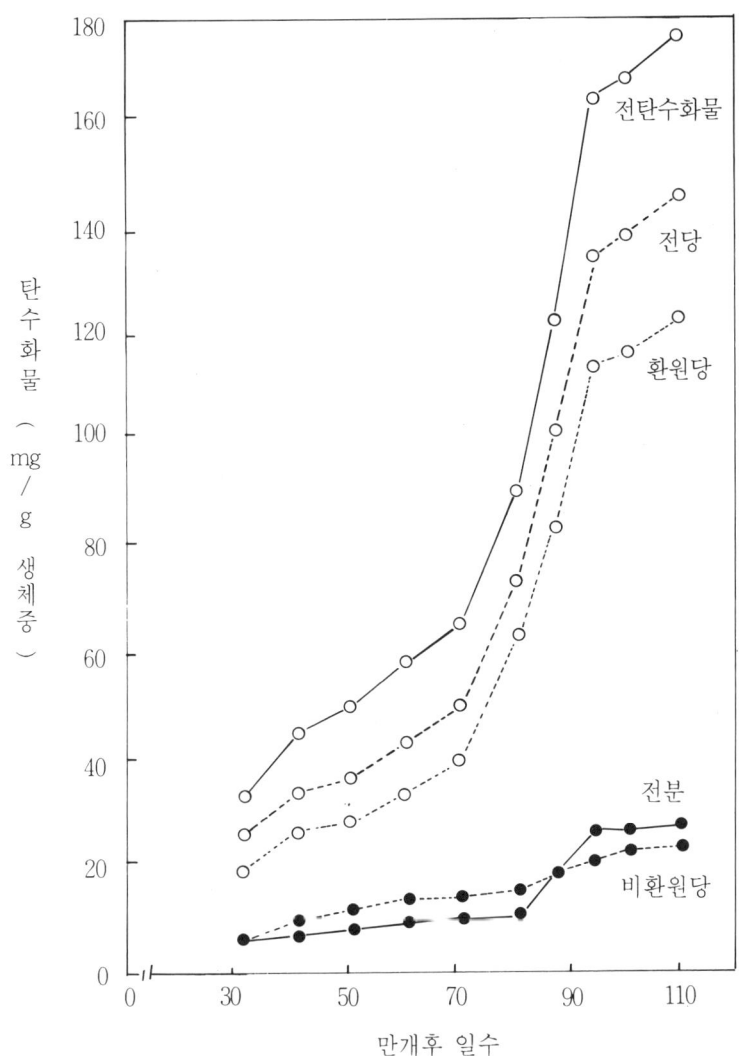

<그림 4-19> 대추 과실의 시기별 탄수화물 함량변화 (품종 : 금성대추) (김 등, 1982)

에는 이와 같은 착색 초기에 수확하여야 건조 중 부패과의 발생이 적고 건
과 품질도 좋다.

　대추가 고당도식품(高糖度食品)이면서도 인체의 비만이나 당뇨병 등과 같
은 성인병에 무관한 것은 함유된 당분 가운데 설탕(비환원당) 함량이 극히
적기 때문이다.

　과실의 비대 및 당함량 증가와 함께 종자의 발육도 순차적으로 이루어진

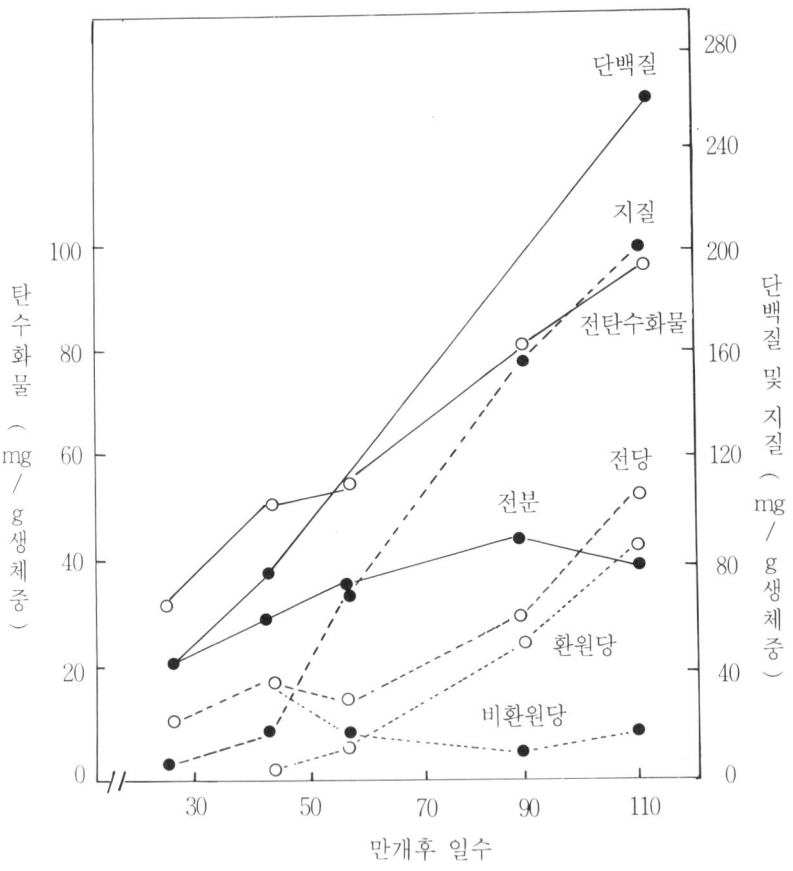

<그림 4-20> 대추 종자의 발육단계별 탄수화물 단백질 및 지질의 함량변화

(품종 : 금성대추)

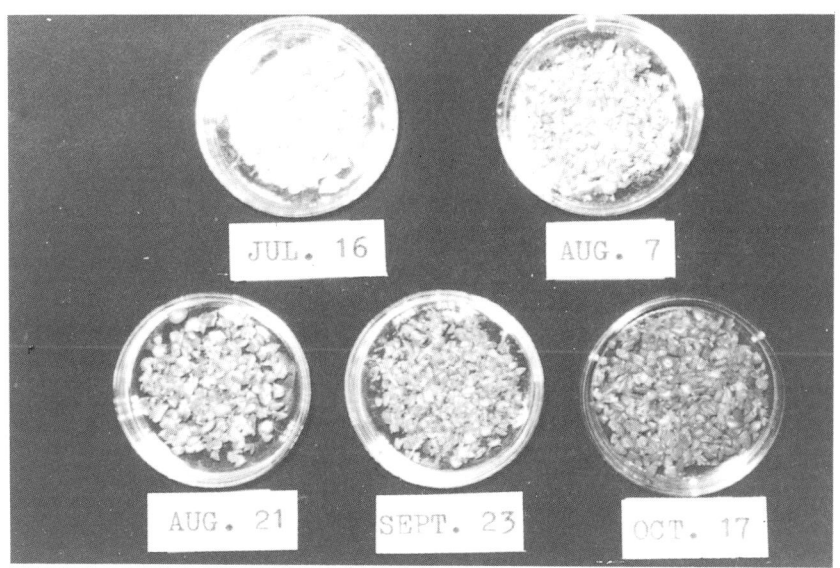

좌측상단부터 7월 16일, 8월 7일, 8월 21일, 9월 23일, 10월 17일에 각각 채취가 것.

<그림 4-21> 대추 종자의 시기별 발육상태 (품종 : 금성대추)

다. 과실내의 당함량은 만개후 70일 이후부터 급격히 증가하는데 비하여 종자내의 탄수화물은 경핵기에만 다소 완만한 증가를 보일 뿐 발육초기부터 성숙기까지 거의 직선적으로 증가한다. 종자내의 단백질과 지질은 만개후 40～50일 경부터 급격히 증가함으로써 과실을 늦게 수확할수록 종자의 충실도가 높아진다.

◇참고문헌◇

1. 金正浩 外 21人. 1986. 三訂 果樹園藝學總論. 鄕文社.

2. 金月洙·金容碩·李運植·梁元模. 1982. 대추나무의 休眠狀態에 따른 炭水化物類 및 加水分解酵素의 活性에 關한 硏究. 韓國園藝學會誌 23(3) : 221～229.

3. 金容碩·金月洙. 1983. 대추 果實 및 種子의 發育過程과 種子發芽에 관

한 硏究. 農事試驗硏究報告 25(원예):47~53.

4. Singh, P., Bakhshi, J. C. and Bajaj, K. L. 1974. Endogenous growth inhibitors or growth promoters and their relationship with dormancy in jujube. Indian J. Agric. Sci. 44(6) : 383-388.

5. Singh, P., Bakhshi, J. C. and Jaiswal, S. P. 1974. Physico chemical changes in relation to the dormancy in jujube. Indian J. Agric. Sci. 44(10) : 639-645.

6. 園藝試驗場. 1975~1983. 試驗硏究報告書.

제5장 묘목의 양성

대추의 번식방법에는 종자에 의한 실생번식(實生繁殖), 뿌리에서 발생하는 흡지(吸枝)를 포기나누기에 의해 번식시키는 분주번식(分株繁殖), 실생대목이나 분주대목에 우량품종을 접목하는 접목번식법(接木繁殖法), 그밖에 삽목법(揷木法) 등이 있으며, 최근에는 우량품종의 대량 급속증식을 목표로 한 조직배양법(組織培養法)이 활발하게 연구되고 있으므로 가까운 장래에 대추의 번식문제가 완전히 해결될 수 있을 것으로 기대된다.

1. 대목양성

1) 실생대목의 양성

(1) 대추종자와 산조종자

실생대목을 양성하기 위해서는 대추종자 또는 산조종자가 필요하다. 실생대목은 대추나무 접수와 함께 접목에 사용될 것이므로 산조종자에 의한 산조대목보다 대추대목이 더 적합한 것은 당연하지만 〈그림 5-1〉에서 보는 바와 같이 대추종자는 핵피(核皮)가 두껍고 봉합선 접합조직이 견고하여 핵피 파열이 잘 되지 않을 뿐 아니라 종자의 내용물이 불충실하고 특히 수분함량이 높아서 발아율이 대체로 낮다. 이에 반하여 산조종자는 핵피가 비교적 얇고 봉합선 접합조직도 약하여 핵피파열이 용이하며 종자의 내용물이 충실하여 발아율도 높은 편이다.

대부분의 과수종자에서와 같이 대추종자와 산조종자도 수많은 유전인자

대추종자는 굵고 뾰족하나, 산조종자는 더 작고 구형이다.

<그림 5-1> 대추종자(A)와 산조종자(B)의 비교

(遺傳因子)들이 혼입되어 잡종상태를 이루고 있기 때문에 우수한 형질을 가진 대추나무에서 채취한 종자라고 하더라도 파종하여 얻은 실생개체(實生個體)에서는 여러 가지 형질로 분리된다. 따라서 많은 실생개체 가운데 어미나무(母樹)와 동일한 것이 얻어질 가능성이 거의 없을 뿐만 아니라 대부분 어미나무에서 열린 과실보다 수량과 품질면에서 뒤떨어지므로 실생개체는 그 상태대로 묘목으로 이용해서는 안되며 반드시 대목으로 이용해야 한다.

접목법이 개발되지 못했던 과거에는 실생개체를 묘목으로 이용하여 재배해 왔기 때문에 오늘날 지방종과 재래종이 잡다하게 분화되었으며 수량이 적고 품질도 불량한 편이어서 대추산업의 발전에 막대한 지장을 초래하고 있는 실정이다.

(2) 종자의 채취

종자는 완전히 성숙한 과실에서 채취하되 대추는 과육을 핵피로부터 분리시켜 생식(生食)또는 가공에 이용한 다음 종자를 채취하고, 산조는 한꺼번에 퇴적(堆積)하여, 과육을 연화시킨 다음 종자를 채취하는 것이 합리적이다.

퇴적할 경우에는 너무 많은 양을 한꺼번에 퇴적하면 과육이 썩을 때 높은 열이 발생하여 종자의 발아력이 저하되므로 주의해야 한다. 종자를 채취한 후에는 물에 깨끗이 씻어서 음건(陰乾)시킨다.

(3) 종자의 저장

종자는 완전히 건조시키면 발아력이 떨어진다. 특히 대추종자는 종자 내에 수분함량이 많으므로 채종할 때 말린 대추를 이용하거나 채종한 후 건조시키면 발아율이 현저히 낮아진다.

이에 대하여 산조종자는 종자가 충실하고 수분함량이 비교적 적어서 말린 과실에서 채종하거나 종자를 건조한 곳에 보관하더라도 발아율이 심하게 떨어지는 일은 없다. 그러나 산조종자도 모두 충실한 것만은 아니므로 가능하면 이상적인 조건하에서 저장해 두는 것이 바람직하다.

즉, 핵피상태의 종자를 배수가 잘되고 그늘지며 온도가 낮은 곳에 토중매장(土中埋藏)을 하거나, 〈그림 5-2〉에서 보는 바와 같이 나무상자나 나무통

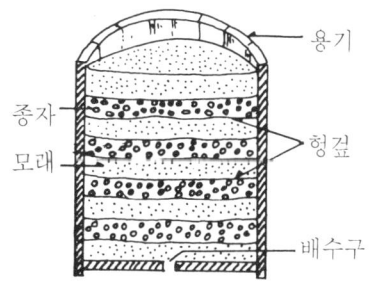

<그림 5-2> 대추종자의 층적저장법

안에 습기가 있는 모래 또는 톱밥과 종자로 층을 지어 저장하는 층적저장
(層積貯藏)을 하는 것이 가장 좋다. 저장할 때의 온도는 5℃ 정도가 알맞고,
종자의 용기는 그늘진 곳에 보관해 두어야 한다.

(4) 대추종자의 발아과정

층적 저장된 대추종자의 핵피를 제거하고 적온·적습의 파종상에 파종하
면 파종 후 5일 이내에 60% 이상이 발아되고〈그림 5-3〉, 발아된 유묘(幼苗)
의 생장도 5∼7일때부터 급속히 이루어진다〈그림 5-4〉. 대추 종자는 쌍떡잎
을 가지고 있어서 떡잎 내에 탄수화물·단백질 및 지질 등 저장양분을 충분

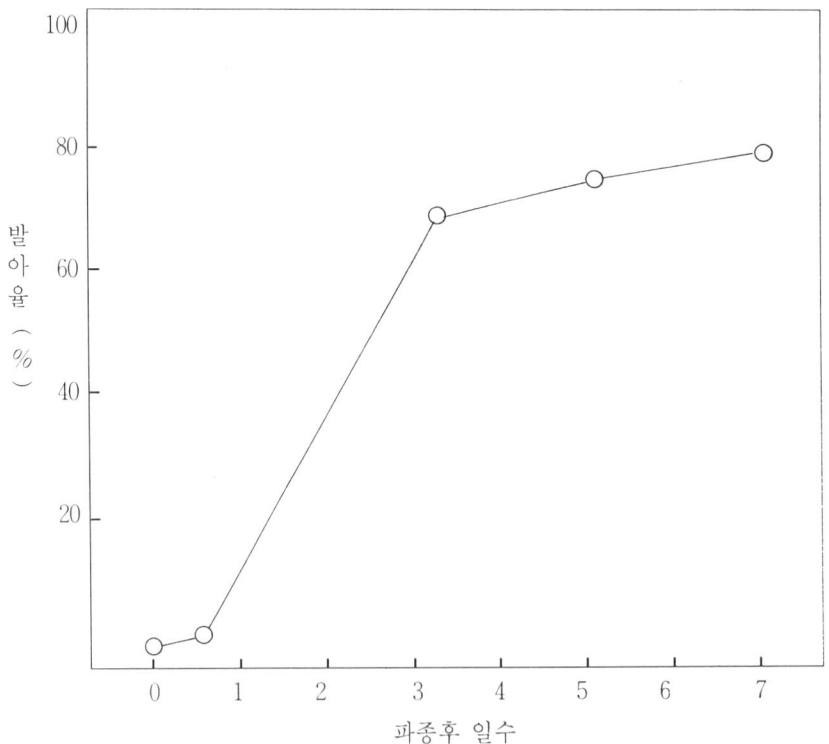

<그림 5-3> **금성대추 종자의 발아상태** (김 등, 1984)

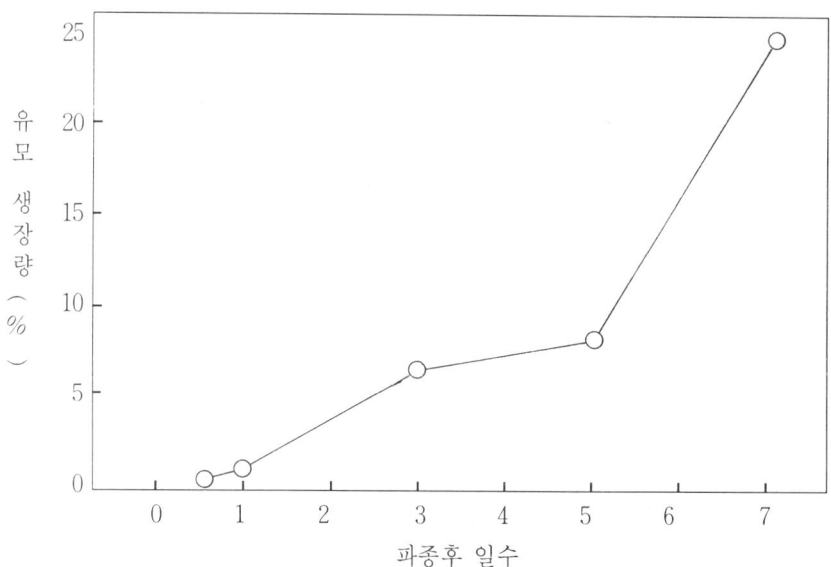

<그림 5-4> 금성대추 종자의 발아후 생장속도 (김 등, 1984)

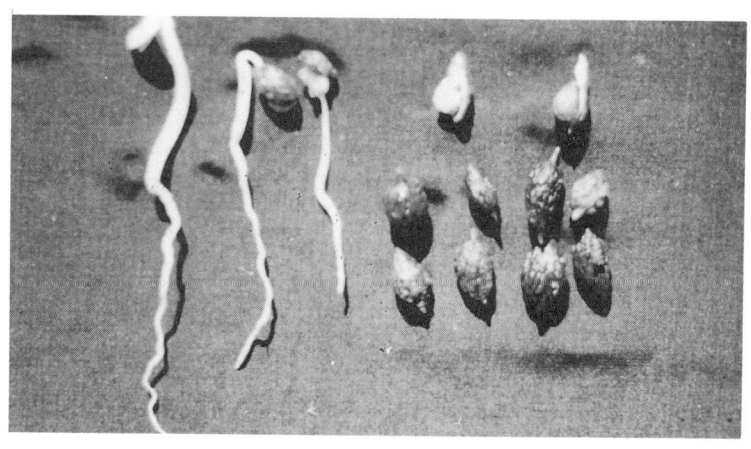

<그림 5-5> 발아중인 대추종자

하게 지니고 있어서 일단 발아가 개시되면 자체의 저장양분만으로 10~15일 정도의 생장이 가능하며, 그 이후에는 본잎이 출현하여 광합성 작용을 함으로써 유묘의 생장이 중단되지 않고 생장이 왕성하게 지속되는 것이다.

대추종자 내의 탄수화물은 전분(澱粉)·환원당(還元糖)·비환원당(非還元糖)이 비교적 고르게 함유되어 있다가 발아가 시작됨에 따라 전당과 비환원당이 호흡기질로서 급격히 소모되는데 반하여 환원당함량은 오히려 증가되는 추세를 나타낸다(표 5-1 참조). 파종 후 7일째에 이르도록 전탄수화물의 함량이 현저하게 고갈되지 않는 것이 대추종자에 있어서의 발아 특징 중의 하나이다.

<표 5-1> 발아중인 금성대추 종자의 탄수화물 종류별 함량변화   (김 등, 1984)

파종후일수	전탄수화물	전 분	전 당	환 원 당	비환원당
0	61.3	21.2	37.8	13.0	24.8
0.5	54.8	17.8	35.0	12.5	22.5
1	53.8	17.6	34.3	11.3	23.0
3	49.6	14.5	33.5	15.4	18.1
5	55.0	20.3	32.5	14.6	17.9
7	56.3	17.6	36.8	22.8	14.0

※ 탄수화물 단위 : mg/g 생체중

발아중인 대추종자 내의 저장단백질은 주로 알부민(albumin)·글로부린(globulin)·글루테린(glutelin) 및 프로라민(prolamin) 등으로 조성되어 있는데, 발아가 진행됨에 따라 감소의 폭이 큰 단백질은 글로부린과 프로라민으로서 이들 단백질이 저분자의 아미노산으로 분해되어 새롭게 자라는 어린 조직과 기관으로 이행되어 대추 유묘가 왕성한 생장을 지속할 수 있도록 한다.

대추종자 내의 저장양분이 발아와 함께 분해되어 유묘의 생장에 이용될 수 있는 것은 주로 가수분해효소(加水分解酵素)의 작용에 기인되는 결과로서 알파 아미라아제(α-amylase)·베타 아미라아제(β-amylase)·인베르타

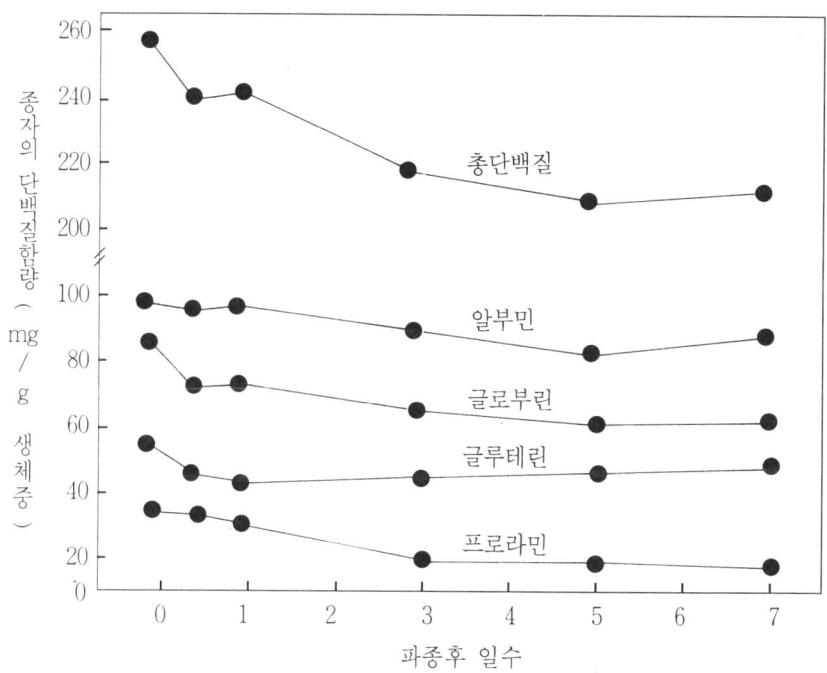

<그림 5-6> **대추종자 발아중의 단백질 종류별 함량변화** (김등, 1984)

아제(invertase) · 포스파티아제(phosphatase) · 프로테아제(protease) · 알엔나아제(RNase) 등의 효소작용이 활성화되어 종자의 발아가 원활히 이루어지게 된다.

(5) 종자의 발육단계와 발아력

대부분의 낙엽과수의 종자는 발육단계가 일정 수준 이상에 달해야 발아력을 갖기 때문에 일반적으로 조생종 품종에서 채취한 종자는 발아가 불가능하고 중생종 또는 만생종의 종자라야 발아가 가능한 경우가 많다. 이러한 현상은 특히 핵과류(核果類) 과수에서 현저하게 나타난다.

그러나 대추는 핵과류이면서도 조생종과 만생종 간의 숙기차이가 매우 짧기 때문에 품종에 따른 종자의 발육단계는 대개 비슷하다. 다만 개화기간이 6월 중순부터 7월 하순까지 대략 40여일 정도로서 초기 개화에 의한 과실과 후기 개화에 의한 과실 간에는 〈표 5-2〉에서 보는 바와 같이 낙과율과 종자의 특성에 차이가 있다. 즉, 개화최성기인 6월 하순에 착과된 과실이 6월 중순 또는 7월 상순에 결실된 것에 비하여 낙과율이 적은 반면 함인율(含仁率)과 종자 발아율이 높아서 실생묘 득묘율이 높은 편이다.

따라서 이론적으로는 6월 하순 경에 개화 및 결실된 과실로부터 채종한 종자가 가장 충실하여 발아용으로 우량한 종자라고 할 수 있으나 과실 수확기 때 이와 같은 과실이나 종자를 식별할 수 없으므로 실제적인 면에서는 종자를 구별하여 채종 또는 파종한다는 것이 거의 불가능하다.

〈표 5-2〉 금성대추의 착과시기에 따른 낙과 및 종자의 특성 (김 등, 1982)

착과시기(월.일)	낙과율(%)	함인율(%)	종자발아율(%)	실생묘득묘율(%)
6.10~6.15	48.0	42.9	51.4	11.4
6.16~6.20	62.3	73.3	63.7	17.7
6.21~6.25	28.0	86.4	69.0	43.0
6.26~6.30	56.3	91.7	73.6	29.5
7.1 ~7.5	68.3	100.0	69.4	22.2
7.6 ~7.10	73.7	100.0	65.2	17.6

이상과 같은 결과로 미루어 보아 대추 종자는 발육정도에 따라 발아력에 차이가 있음을 짐작할 수 있다.

〈그림 5-7〉은 만개 후 50일째 된 미숙종자에서부터 만개 후 124일째 된 완숙종자에 이르기까지 7단계로 나누어 무균조건(無菌條件)하에서 발아를 시키되 발아배지(發芽培地)의 조성은 생장촉진호르몬(生長促進 hormone)으로서 벤질아데닌(benzyladenine : BA)과 지베렐린(gibberellic acid : GA$_3$) 및 영양원(營養源)으로서 설탕(sucrose) 등을 단용 또는 혼용으로 첨가시켜 본 바 다음과 같은 몇가지의 종자발아 속성이 밝혀졌다. 첫째, 만개 후 85일

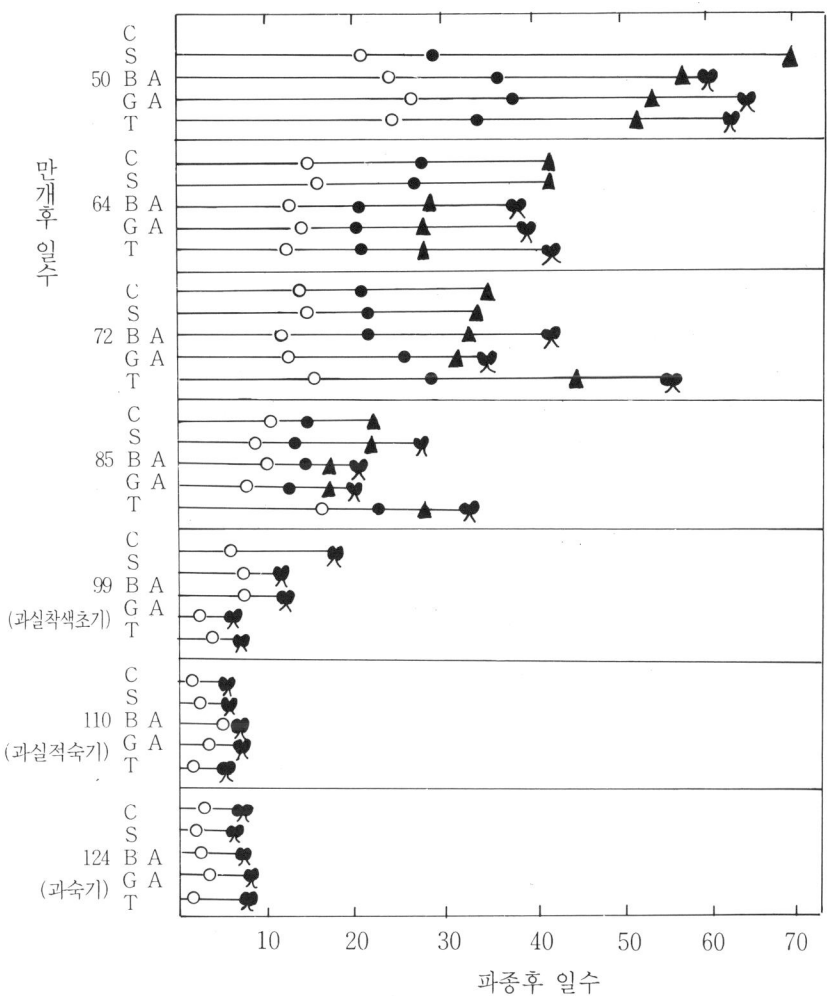

<그림 5-7> **금성대추 종자의 발육단계별 발아상태** (김 등, 1983)

배지첨가제:무첨가(C), 설탕(S), 벤질아데닌(BA), 지베렐린(GA),

혼합첨가 (T:S+BA+GA)

발아단계:종피열개(○), 내종피형성(●), 내종피열개(▲), 발아(🎀)

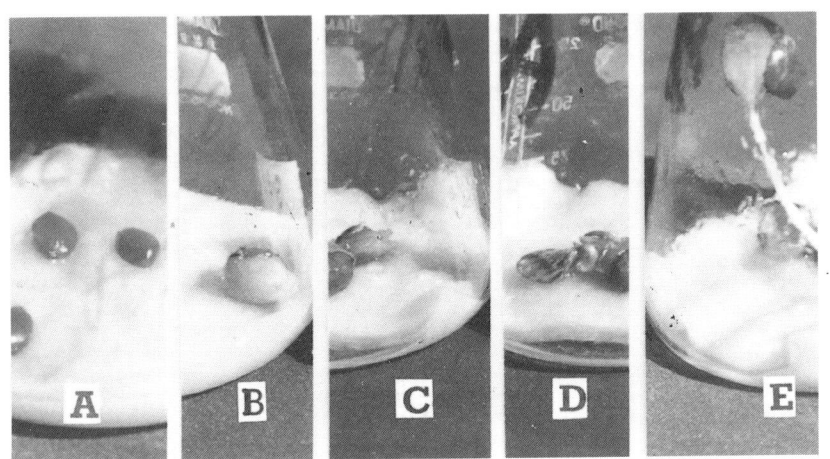

A : 파종직후, B : 외종피 열개 후 내종피의 비대발달, C : 내종피 열개, D : 떡잎출
현, E : 완전한 발아

<그림 5-8> 미숙종자의 발아과정

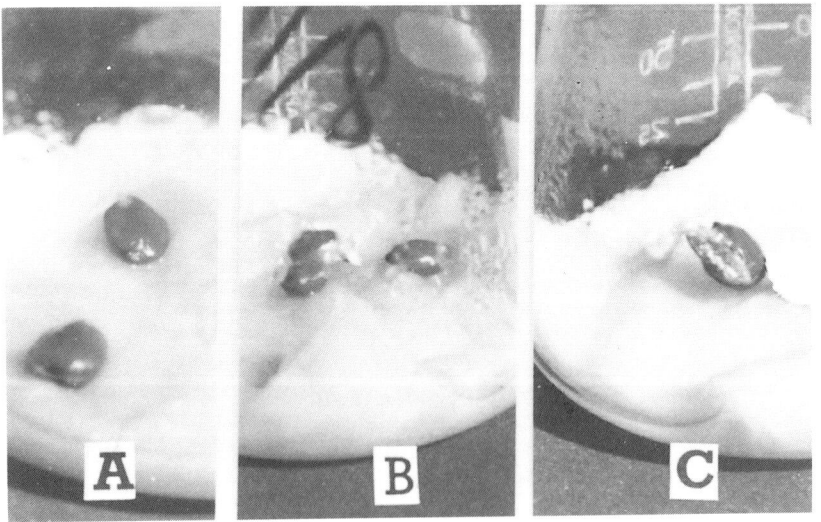

A : 파종직후, B : 하배축 출현, C : 떡잎출현 및 발아

<그림 5-9> 성숙종자의 발아과정

째까지의 종자는 종자 자력(自力)만으로는 발아가 불가능하고 생장촉진호르몬이나 설탕과 같은 영양소를 첨가해 주어야 발아가 가능하다.

둘째, 만개 후 85일 이하의 미숙 종자는 발아하는 과정에서 종피가 열개(裂開)되면서 곧바로 내종피(內種皮)가 형성되고 상당기간 후 내종피가 비대 발달하여 성숙된 다음 내종피가 열리면서 하배축(下胚軸)과 떡잎이 출현되면서 발아가 된다〈그림 5-7 참조〉.

그러나 만개 후 99일 이상 경과된 종자를 파종하면 외종피가 열개되자마자 곧이어 하배축과 떡잎이 출현함으로써 완전히 발아가 이루어진다〈그림 5-9 참조〉.

이와 같이 미숙 종자와 성숙 종자의 발아 과정이 동일하지 않는 원인은 이들 종자의 구조에서 기인되는 것으로 보인다. 즉, 미숙 종자는 외종피를 벗겨보면 비교적 두꺼운 내종피가 떡잎과 배축을 잘 보호하고 있는 것을 관찰할 수 있다. 이러한 상태에서는 외종피가 적당한 온도와 습도조건 하에서 열개되더라도 종자 내부의 떡잎과 배축은 생리적으로 성숙이 덜되어 발아할수 없으므로 그 기간동안 내종피가 발육하면서 동시에 배의 후숙을 가능케하여 일정기간이 경과되면 발아력을 갖도록 하는 것으로 간주된다.

셋째, 종자 휴면(休眠)이 없다. 핵과류를 포함한 낙엽과수의 종자는 대부분 성숙기에 이르러 종자휴면에 진입되었다가 겨울철의 차고 습한 조건 하에서 일정기간을 경과하면서 점차 휴면에서 타파되어 이듬해 봄철에 파종하면 정상적으로 발아하게 되는 것이다. 그러나 대추 종자는 〈그림 5-7〉에서 보는 바와 같이 일단 성숙된 종자는 저온처리나 생장촉진호르몬 또는 그밖의 영양소를 공급해 주지 않더라도 정상적인 발아가 가능하며, 이러한 현상은 낙엽과수로서는 매우 특이하다.

(6) 종자의 발아조건

대추종자 또는 산조종자의 과육을 제거하고 겨울동안 보관해두었다가 봄철에 파종하게 되면 발아가 극히 저조하다. 발아율이 이와 같이 낮은 이유는 종자(仁)를 둘러 싸고 있는 핵피(核皮)가 너무 두꺼워서 수분과 산소의 공급이 제한되어 종자의 발아조건이 불량할 뿐만 아니라, 핵피의 봉합선이 견고하게 접합되어 있어서 간혹 핵피 내에서 발아가 되더라도 종근(種根)과 떡잎이 종피를 뚫고 나오지 못하는 경우가 많으므로 발아율이 저조할 수밖에 없다.

더구나 대추는 함인율(含仁率)이 품종에 따라 큰 차이가 있고, 같은 품종이라고 하더라도 해에 따라 변이가 심하므로 종자(仁)가 들어 있지 않는 핵피 껍데기가 섞여서 파종되는 경우도 많다(표 5-3 참조).

\<표 5-3\> 대추품종 및 년도별 함인율(%)의 변화 (원예시험장, 1981)

품종 \ 년도	1976	1977	1978	1979	1980	평 균
무 등	75	75	75	85	78.6	77.7
금 성	73	90	20	75	55.6	62.7
Ja - 2	70	90	45	90	65.6	72.1
Jb - 21	0	0	0	0	0	0
Jc - 28b	100	100	100	100	93.4	98.7
Je - 8	60	80	80	75	64.6	71.9
Jg - 10	60	95	80	80	70.4	77.1
월 출	10	60	50	90	44.6	50.9

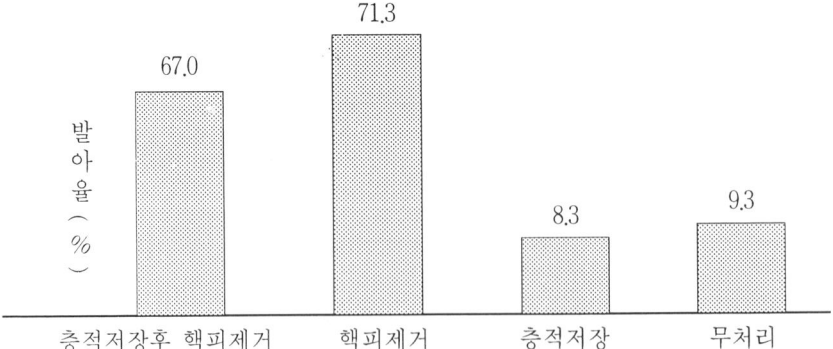

층적저장 : 4℃에서 3개월 저장

\<그림 5-10\> 대추종자에 대한 층적저장과 핵피 제거처리가 종자발아에 미치는 영향

　대부분의 핵과류 종자는 채종 후 저온에서 일정기간 동안 층적저장을 해
두면 이듬해 파종기 무렵에 자발적으로 핵할(核割)이 되지만 대추는 〈그림
5-10〉에서 보는 바와 같이 핵피를 인위적으로 깨뜨려서 제거한 후 파종해야
발아율을 높일 수 있다.

　대추나 산조종자의 핵피를 제거하기란 용이한 일이 아니다. 대추종자의
경우 우선 전정가위로 핵피의 위쪽과 아랫쪽의 뾰족한 부위를 절단한 후
〈그림 5-11〉과 같이 벤치의 안쪽 맞물리는 부위에 두꺼운 플라스틱 조각을
대고 테이프로 고정시킴으로써 핵피를 깨뜨리는 과정에서 종자(仁)가 상처
를 받지 않도록 개조한 벤치의 주둥이 가장자리에 핵피를 물리고 힘을 가하
면 안전하게 핵피와 종자가 분리된다. 산조종자는 핵피의 양쪽 끝이 그다지
뾰족하지 않으므로 곧바로 벤치에 물려서 깨뜨린다.

　대추종자의 발아조건 가운데 핵피제거가 가장 중요한 것임에 틀림없으나
이는 종자의 양이 적을 경우에 해당되는 것이고, 종자의 양이 많을 때에는 시
간과 노력이 너무 많이 소요되므로 사실상 실용성이 낮다는 문제점이 있다.

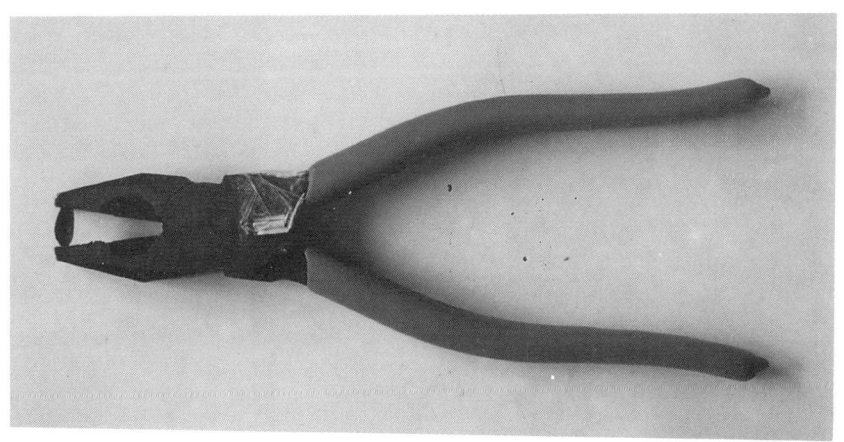

〈그림 5-11〉 대추종자의 핵피 제거용 벤치의 개조된 모양
벤치의 손잡이쪽 맞물리는 부위에 플라스틱 조각을 붙인다.

　핵피를 인위적으로 제거하지 않고 종자 스스로 깨뜨리고 발아할 수 있는

방법으로서 〈표 5-4〉에서 보는 바와 같이 대추 또는 산조종자를 핵피상태로 충분히 수분을 흡수시킨 후 면포자루에 담아서 25℃의 따뜻한 온실에 넣어 두면 반입 후 2주일경부터 핵피가 자발적으로 파열(破裂)되기 시작한다. 핵피가 파열된 종자는 매일매일 골라내어 포트에 파종함으로써 일단 파종한 종자는 거의 대부분 발아가 가능하다.

〈표 5-4〉 온도 및 습도조건에 따른 핵피의 자연파열과 발아촉진 효과 (김등, 1984)

온도 및 습도	대　추		산　조	
	핵피파열율(%)	발아율(%)	핵피파열율(%)	발아율(%)
20℃+포화습도	11.7	10.3	44.3	41.5
25℃+포화습도	16.7	15.3	66.3	63.3
30℃+포화습도	12.7	11.3	53.0	49.9

※ 종자조건 : 3개월 동안 충적저장된 종자 사용

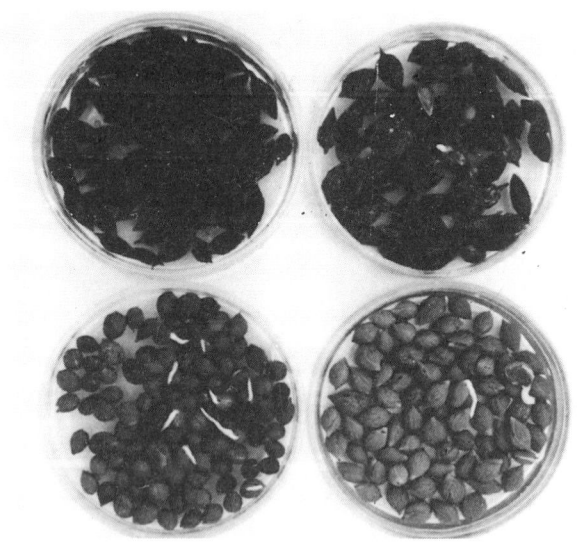

상단 : 대추종자(좌 : 금성,　우 : Jc-28b)
하단 : 산조종자(좌 : 산조 B, 우 : 산조 A)

〈그림 5-12〉 적온·적습(25℃, 포화습도) 하에서의 핵피 파열상태

　이 경우에 대추종자의 핵피파열율은 16% 정도로서 산조종자의 66%에
비하여 현저히 떨어진다. 따라서 이와같은 적온·적습법(適溫·適濕法)은
산조종자의 경우 실용성이 충분히 있는 것으로 인정되지만 대추종자는 발아
율이 너무 낮으므로 인위적인 핵피제거 후에 파종해야 한다.

　수목류의 경실종자(硬實種子)는 파종하기 직전에 황산(黃酸 : H_2SO_4)이
나 염산(鹽酸 : HCl)용액에 단시간 동안 침지한 후 파종함으로써 종피 또
는 핵피의 투수성(透水性)과 투기성(透氣性)이 좋아지므로 발아가 촉진되는
것이 보통이지만 대추나 산조종자는 황산 및 염산의 처리효과가 전혀 없는
것으로 밝혀진 바 있다.

<표 5-5> 주야간의 온도조건에 따른 대추와 산조종자의 발아효과　　(김등, 1984)

파 종 상 의 온 도 (℃)		발　아　율 (%)	
주　간	야　간	대 추 종 자	산 조 종 자
20	20	47.3	61.3
25	18	51.3	58.7
25	25	74.0	82.7
30	30	66.0	76.7

※ 종자조건 : 3개월간 층적저장한 후 핵피를 제거하여 파종

(좌로부터 주간 / 야간, 20℃ / 20℃, 25℃ / 18℃, 25℃ / 25℃, 30℃ / 30℃)
<그림 5-13> 온도조건에 따른 대추종자의 발아상태

대추 또는 산조종자가 발아함에 있어서 핵피제거 다음으로 중요한 조건은 발아온도이다. 대추와 산조종자 모두 25℃가 발아적온이며, 주야간 온도가 변하는 것보다는 25℃상태로 항온을 유지하는 것이 발아 최적 온도조건이 된다〈표 5-5 참조〉.

대추나 산조종자는 대부분의 낙엽과수 종자와는 달리 휴면성이 거의 없으므로 종자의 휴면타파 및 발아촉진제로 알려진 지베레린·벤질아데닌·카이네틴 등을 처리해도 최종적인 발아율에는 별차이가 없다. 다만 〈그림 5-14〉에서 보는 바와 같이 벤질아데닌 1ppm 용액에 침지한 후 파종하면 초기의 발아가 다소 촉진되는 경향이 있다. 또한 발아와 햇볕의 유무와는 관계가 없는 것 같다.

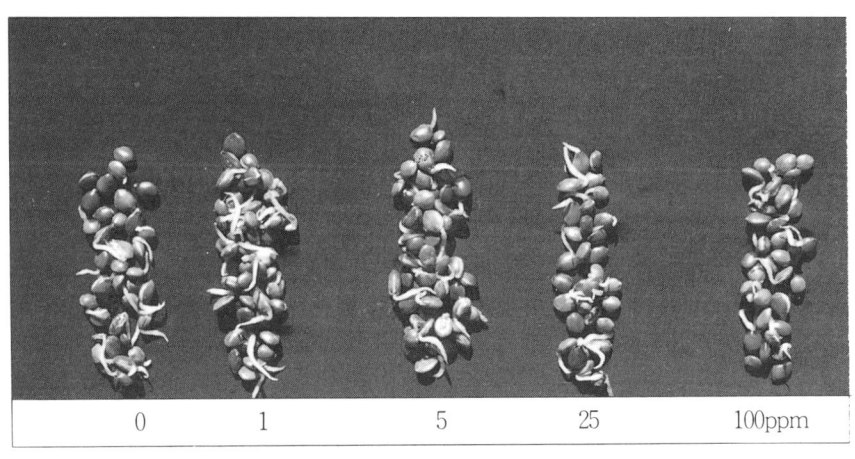

<그림 5-14> 대추종자의 벤질아데닌 침지 농도별 발아효과(발아온도 : 25℃)

(7) 실생대목의 양성

대추나 산조의 핵피를 깨뜨려서 종자(仁)만을 파종할 경우에는 포트육묘를 하는 것이 좋다. 즉, 직경 5cm, 깊이 10cm 정도의 비닐포트에 밭흙 1 : 퇴비 1 : 모래1의 비율로 섞은 상토를 넣고 종자를 1cm 깊이로 파종한 다음 충분히 관수한다. 파종이 끝난 포트는 비닐하우스 또는 비닐터널 내에서 주야간 25℃에 근접하도록 관리하면 고르게 발아된다.

산조의 파종량이 많을 경우에는 핵피가 있는 상태로 젖은 면포자루에 넣어서 비닐하우스 또는 온실에 반입(搬入)해 둔다. 그후 10여일이 경과하면서 핵피가 벌어지게 되는데 매일 핵피가 벌어진 종자만을 골라 포트에 파종하면 4∼5일 이내에 대부분의 종자가 발아하게 된다.

파종량은 포트당 종자 1개씩을 파종하되 핵피상태로 파종한 종자에서는 경우에 따라 2개의 종자가 동시에 발아하는 때도 있으므로 본잎이 1∼2매 정도 되었을 때에 그중 하나를 조심스럽게 분리시켜 실생묘의 수를 늘려간다.

핵피를 제거하여 파종한 종자는 10여일 후에 발아가 시작되므로 이때부터 주간에 고온·건조가 되지 않도록 하고 야간에는 15℃ 이하의 저온이 되지

<그림 5-15> 대추 1년생 실생묘의 상태

않도록 세심한 주의를 기울여 관리해야 한다.

본잎이 3~4매 정도 되었을 때에 야외의 묘포에 옮겨 심을 적기이다.

묘포는 비옥하면서도 배수가 잘 되는 모래 참흙의 토양에 10a당 퇴비 2,000kg, 석회 200~300kg, 붕사 3~4kg을 고루 뿌리고 잘 정지한 후 이랑을 만든다.

이랑의 규격은 이듬해의 접목작업 및 묘목의 생육 등을 고려하여 충분히 넓게 해주는 것이 좋은데 일반적으로 폭 60cm의 이랑을 만들어서 포트묘를 이식한다.

유묘의 심는 간격은 줄사이(列間) 30~40cm, 나무사이(株間) 20~30cm 간 격으로 심되 포트비닐을 제거한 후 충분히 관수하면서 주변의 흙으로 잘 덮 어준다.

활착 후에는 덧거름으로서 요소비료를 사용해주고 가뭄 때에는 관수를 해 주며 제초를 잘해 주면 실생묘의 생육이 왕성해져서 이듬해 봄에 접목용 대 목으로 사용하기 알맞은 연필 굵기의 실생대목이 된다.

2) 분주대목의 양성

(1) 분주대목의 특성

대추를 제외한 대부분의 과수에서는 분주묘를 대목으로 이용하는 예는 극 히 드물다. 대추는 오래 전부터 분주묘를 본밭에 정식하여 과원을 조성하거 나 대목으로 이용하여 왔는데 이는 다음과 같은 세가지 특성에 기인된 결과 라고 할 수 있다.

첫째, 대추는 성목의 수관하부에서 흡지(吸枝)의 발생이 매우 왕성하다. 대추나무의 뿌리는 땅속 깊이 뻗는 수직뿌리와 지표 가까이 분포하는 수평 뿌리로 크게 나누어지는데, 수평뿌리에서 부정아(不定芽)가 형성되어 지표 를 뚫고 새싹으로 자라서 흡지가 되는 것이다.

이 흡지를 굴취하면 어미뿌리(母根)로부터 절단된 부위에서 다시 제2, 제3

의 흡지가 계속해서 발생되므로 심한 경우에는 〈그림 5-16〉에서 보는 바와 같이 뿌리의 한 부위에서 70~80여개의 흡지가 동시에 발생되기도 한다.

뿌리절단 부 위에서 많은 흡지가 발생 한 상태

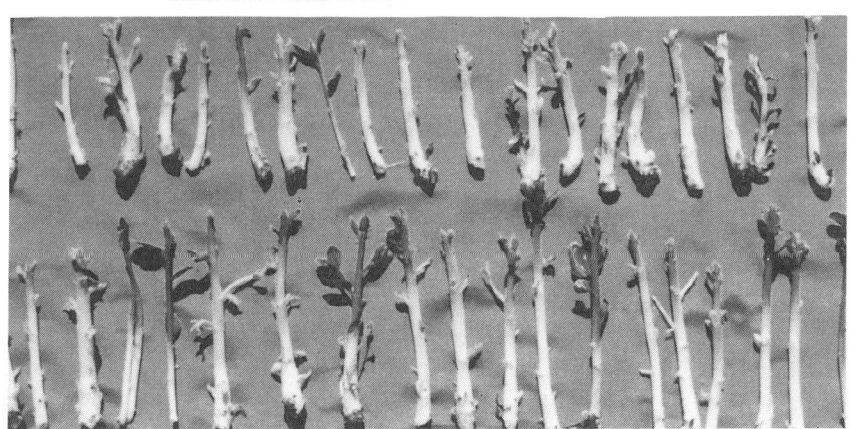

집단적으로 발생된 흡지를 각각 떼어낸 모양

〈그림 5-16〉 대추의 흡지 발생상태

둘째, 우리나라에서 먼 옛날부터 재배해온 대추는 본래 분주묘 또는 실생묘이었으므로, 그러한 나무의 뿌리에서 발생한 흡지는 그 모수(母樹)와 동일한 유전형질(形質)을 지니게 된다.

과거 접목기술이 보급되지 못한 시대에 분주법에 의하여 묘목이 증식되면서도 특정 지역 또는 특정 주산지 내의 대추나무 간에 그 형질이 비슷한 것은 바로 이와 같은 근거에 의해서 고유한 형질이 보존되어 분주묘로서의 번식이 수백년 동안 이루어져 온 것이다.

셋째, 대추의 실생묘를 얻기가 어렵다는 점이다. 대부분의 과수는 거의 100여년전부터 접목법에 의하여 증식이 되기 시작했는데 대추는 1970년대까지도 분주법이 대추나무의 주요 번식방법이었다. 이처럼 대추에 대한 접목기술의 발달이 늦어진 이유는 다른 과종에서처럼 손쉽게 실생대목을 대량으로 생산할 수가 없었다는 점이다. 실생대목은 분주대목과는 달리 유전형질이 모수와는 전혀 다른 개체가 만들어지므로 접목에 의한 번식이 필연적이었을 것이지만, 실생묘를 생산할 수 없는 상황에서는 오직 분주묘를 통한 번식체계가 우선적으로 확립될 수밖에 없었다.

분주대목이 지니고 있는 가장 큰 취약점은 빗자루병을 발생케하는 마이코플라스마(mycoplasma like organism : MLO)균에 감염되어 있을 가능성이 높다는 점이다.

빗자루병은 전신성(全身性)병으로써 병징이 잎·가지·꽃 등 지상부에서만 나타나더라도 마이코플라스마균은 뿌리 전체까지 감염되어 있으므로 이들 뿌리로부터 발생된 흡지도 병원균에 감염되어 있다. 따라서 빗자루병의 병징이 나타난 모수(母樹)의 뿌리에서 채취한 분주묘는 병징 출현여부에 관계없이 병원균에 감염되어 있다고 보아야 한다.

그렇다면 병징이 나타나지 않는 모수에서 채취한 분주묘는 모두 건전하다고 할 수 있는가. 일반적으로 건전한 나무에 마이코플라스마를 보균(保菌)하고 있는 곤충을 이용하여 접종(接種)을 시키더라도 수년 이내에는 발병을 하지 않고 잠복상태를 지속하는데 경우에 따라서는 그 잠복기간이 10여년

<그림 5-17> 대추 흡지의 발생상태

이상 계속될 수도 있다고 한다.

따라서 이와 같은 관점에서 본다면 외형적으로 병징이 나타나지 않았을 경우라도 그 모수가 마이코플라스마를 보균하고 있을 가능성이 있기 때문에 분주묘를 대목으로 이용하여 접목된 묘목을 빗자루병에 걸려 있지 않다고 확신할 수 없다.

(2) 분주방법

분주묘로 이용할 수 있는 흡지(吸枝)는 <그림 5-17>과 같이 대추나무의 수 관하부에 폭넓게 분포되어 있다. 흡지를 분주하기 전에 먼저 그 모수에 빗자루병의 병징이 있는지를 잘 확인하고 병징이 나타나 있거나 주변에 빗자루병에 걸린 나무가 산재되어 있을 때에는 분주를 하지 않는 것이 바람직하다.

분주하는 시기는 가을철 낙엽 이후부터 이듬해 봄철의 발아 이전까지는 어느 때에 분주하더라도 괜찮으나 가급적 가을철 낙엽 직후가 합리적이다. 즉, 분주를 일찍할 수록 이듬해 분주묘의 활착이 빠르고 생육이 양호할 뿐만

자근(白根)의 발생과 생육이 부진하다.
<그림 5-18> 대추 흡지의 뿌리상태

아니라 기비사용 또는 전정시에 절단되거나 밟혀서 분주묘를 못쓰게 되는 일을 사전에 막을 수 있다.

대추나무의 흡지는 그 뿌리가 모수와 연결되어 있어서 양분과 수분을 대부분 모수로부터 공급받으므로 흡지의 뿌리 발육과 기능이 매우 불충실하다〈그림 5-18 참조〉.

따라서 7월경 흡지로부터 모수쪽으로 20cm 정도 떨어진 곳에 삽날을 찔러 모수와 흡지의 연결은 끊어줌으로써 자근(白根)의 발육이 현저히 좋아지게 된다.

대추 분주묘를 생산할 대추과원에서는 3월 상순경에 잡초 발아억제제인 고올·랏쏘 등을 뿌려서 생육기 중 잡초가 지나치게 발생되지 않도록 한다.

흡지의 생육 중에 제초제를 살포하면 흡지가 고사하므로 잡초 발아억제제 계통의 제초제를 사용해야 한다.

흡지는 방치해 둘 경우 농약살포 또는 일반 관리작업시에 밟히거나 부러뜨릴 우려가 있으므로 50cm 정도의 지주를 세우고 가볍게 묶어주는 것이 좋다.

(3) 분주대목의 양성

모수로부터 분리해 낸 분주묘는 퇴비·석회·붕소 등이 충분히 시용된 묘포에 옮겨 심게 되는데 재식거리는 줄사이(列間) 30~40cm, 나무사이(株間) 20~30cm 간격으로 심고 관수한 다음 복토해준다.

분주묘는 굴취시에 뿌리가 많이 절단되었으므로 재식 후에 지상부 20cm 정도를 남기고 절단해주며, 절단부위에는 발코트를 발라서 수분증발을 억제시킨다.

정상적으로 생육한 분주묘는 이듬해 봄에 접목용 대목으로 사용할 수 있으며 생육상태가 불량한 것은 제자리에서 1년 동안 더 발육시킨다.

2. 접목

1) 접목친화성

대추의 접목에 사용될 수 있는 대목의 종류는 대추와 산조에 국한된다.

대추 대목과 접수가 조직적으로 유합(癒合) 및 접착(接着)하여 생장을 개시하는 것을 활착(活着)이라고 하고, 대목과 접수가 활착한 후 생장·결실의 두 작용이 순조롭게 계속되는 것은 접목친화성(接木親和性)이 있기 때문이다.

접목친화성의 강약은 식물분류학상 유연(類緣)의 원근(遠近)에 따라 달라서 근연(近緣)일수록 친화성이 강하다.

대추 접수를 대추 대목에 접목하는 것은 공대(共台)에 접목하는 것이므로 접목친화성이 매우 높다. 산조(*Zizyphus jujuba* var. spinosus)는 대추(*Zizyphus jujuba* var. intermis)와 동속동종(同屬同種)이므로 식물분류학상 매우 가깝다. 그러나 산조는 형태학적으로 나무의 크기가 대추보다 더 작고, 가지의 절간장(節間長)이 짧으며 잎과 과실이 현저히 작을 뿐만 아니라 과실 및 종자의 성분에도 상당한 차이가 있으므로 대추 접수와 산조대목 사이에 접목친화성이 있을 것인가에 관하여 오래전부터 의문시 되어 왔다.

\<표 5-6\> 대추와 산조간의 접목친화성 비교 　　　　(김 등, 1984, 1986)

대목종류	접목활착율 (%)	수 고 (cm)	간 주 비대량 (cm)	접수굵기 대목굵기	접목부위 유합상태 (%)	대 아 발생량 (개/주)
〈접목 1년차〉						
대추공대	95.2	54	—	—	90.3	6.4
산조 A	96.2	48	—	—	80.2	13.3
산조 B	98.1	48	—	—	82.8	11.4
〈접목 3년차〉						
대추공대	—	151	3.1	0.72	85.9	—
산조 A	—	144	3.7	0.77	84.7	—
산조 B	—	168	4.1	0.81	87.0	—

※ 접수품종 : 무등
　대추공대 : Jc - 28b의 실생대목
　산 조 A : 핵피의 끝이 뾰족한 것.
　산 조 B : 핵피의 끝이 둥그런 것.

〈표 5-6〉에서 보는 바와 같이 접목활착율은 대추공대와 산조대목 모두 95% 이상으로 매우 높고 나무의 크기와 굵기는 대목간에 큰 차이가 없으며 접수보다 대목의 굵기가 가늘어지는 대부현상(台負現象)도 나타나지 않음을 알 수 있다. 또한 목질부와 수피(樹皮)의 접목부위 유합상태에 있어서 대목 간에 별 차이가 없다.

다만, 대아발생량(台芽發生量)에 있어서 대추공대보다는 산조대목에 접목 할 경우 거의 두배 이상 대아발생이 많으므로 대아제거에 노력이 더 소요되 는 단점이 있으나, 이는 접목친화성과 전혀 관계가 없다.

그러나 이러한 결과만으로서는 대추와 산조대목간에 완전히 접목친화성 이 있다고 단정할 수 없으므로 앞으로 성목기에 이르도록 나무의 자람세와 과실에 미치는 영향까지도 면밀히 검토될 필요가 있다.

2) 접목방법

(1) 접수채취와 저장방법

접수는 품종이 확실하고 빗자루병에 걸려있지 않은 나무에서 채취해야 한다. 대추나무는 새 가지와 묵은 가지 모두 잎눈과 꽃눈으로 된 혼합아(混合芽)를 가지고 있으므로 어느 것이나 접수로 이용할 수는 있으나 지난해에 새로 자란 1년생 가지(원가지)를 이용할 때에 접목활착율이 높고 묘목의 생장도 왕성하다(표 5-7 참조).

1년생 2차지(지난해에 자란 원가지상의 측지) 혹은 2년생 이상된 묵은 가지일수록 접목활착율이 떨어질 뿐만 아니라 정상적인 신초묘(新梢苗)의 득묘율이 현저히 떨어지므로 접수가 부족하지 않는 한 1년생 1차지만을 채취하여 사용하는 것이 바람직하다.

접수는 3월 경에 전정과 동시에 채취하여 저장하거나 4월 상·중순에 채취하여 곧바로 접목해도 좋다. 대추나무의 발아기는 4월 하순으로 접목시기보다 훨씬 더 늦기 때문에 접목할 양이 많지 않거나, 접수를 채취할 모수(母樹)가 가까운 곳에 위치해 있을 경우에는 접목시기에 맞추어 접수를 채취하는 것이 간편하다.

그러나 접목할 양이 많거나 접수를 타지에서 구입할 경우에는 3월에 접수를 채취하되 접수저장에 유의해야 한다.

대추나무는 눈의 원기를 보호하고 있는 인편(鱗片)의 분화 및 발달이 다른 과수에 비하여 미약하고, 또한 눈과 수피의 조직 내에 당분·아미노산 등 가용성 양분이 풍부하기 때문에 접수의 저장 중 곰팡이균의 피해를 받아서 접목활착율이 현저하게 떨어지기도 한다.

접수의 저장방법은 접수의 크기를 40~50cm로 절단하고, 곁가지를 제거하되 원줄기에 너무 근접하여 자르면 눈이 다치기 쉬우므로 1cm 정도 남기고 절단하는 것이 좋다. 절단면에는 발코트 또는 톱신페스트와 같은 보호제를 발라주는 한편 톱신수화제나 벤레이트 등을 접수 전체에 철저히 뿌려서 소독한

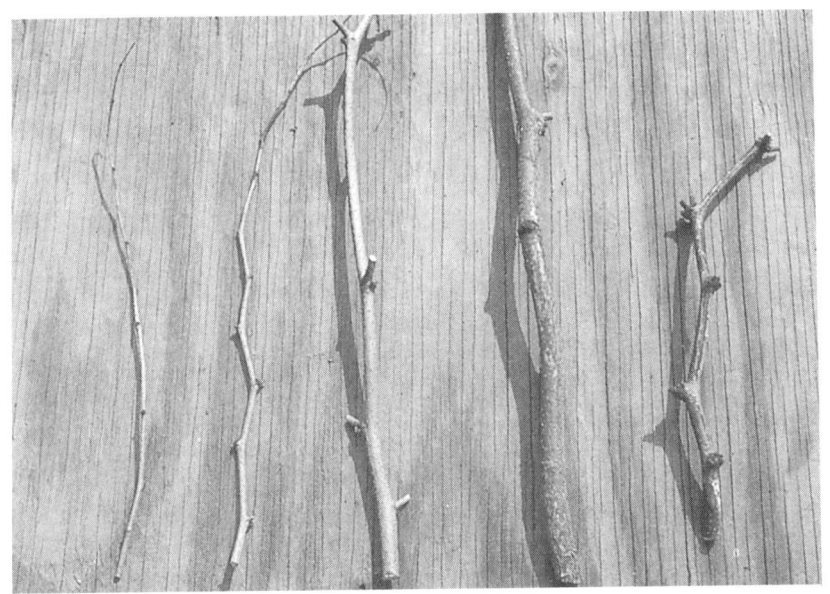

접수로서는 1년생 1차지가 가장 좋다. 좌로부터 잎줄기, 1년생 2차지,
1년생 1차지, 2년생지, 다년생지
<그림 5-19> 대추나무 가지의 종류

후 품종별로 30~40본씩 다발로 묶어서 습한 모래로 기부만 잘 묻어 준다.

접수를 저장할 장소는 3~5℃가 유지되는 저온저장고가 가장 좋으나 그러
한 조건이 불가능할 때에는 지하실이나 과실저장고에 보관해 두어도 좋고
접수의 양이 적을 경우에는 비닐에 싸서 냉장고에 저장하되 마르지 않도록

<표 5-7> 접수의 종류가 접목묘의 생육에 미치는 영향   (김 등, 1981)

접수종류	접목활착율 (%)	신초묘율 (%)	묘목신장량 (cm)	간경비대량 (mm)
1년생 1차지	100	83.3	55.0	9.3
1년생 2차지	90.0	76.7	45.7	8.4
2년생지	48.1	24.0	59.6	10.3

※ 대목 : 대추 실생대목(1년생)

주의해야 한다.

접수를 습한 모래로 상단부까지 묻어 두면 쉽게 변질되므로 낮게 묻는다.

(2) 접목방법

① 대목준비

대추나무를 접목함에 있어서 좋은 대목을 선택하는 것은 접목활착율을 높이고 우량묘목을 얻는데 결정적인 요건이 된다.

〈그림 5-20〉에서 보는 바와 같이 근군의 상태가 양호한 실생대목이 분주대목에 비하여 접목활착율과 득묘율이 현저히 높으며 묘목의 생장도 매우 왕성하다.

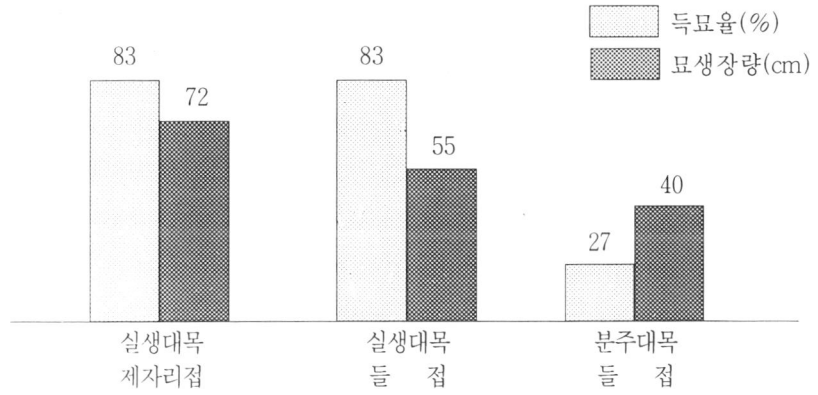

<그림 5-20> 대목의 종류와 접목방법에 따른 득묘율 및 묘목의 생장효과 (김 등, 1981)

② 접목과정

대추의 접목은 접목을 하는 장소, 즉 대목을 육성한 제자리에서 접목하는 제자리접(据接)과 대목을 굴취하여 일정한 장소에서 접목을 한후 밭에 옮겨 심는 들접(揚接)이 있고, 접목방법에 따라 깎기접(切接), 눈접(芽接) 등으로 구분하는데 가장 효과적인 방법은 제자리에서 깎기접을 하는 것이 좋다.

깎기접의 요령은 다음과 같다.

접수는 품종이 확실하고 충실한 눈이 붙은 가지를 5~6cm 정도의 길이로
자른 다음 〈그림 5-21〉에서 보는 바와 같이 밑부분을 비스듬히 45°로 깎아
낸 후 반대편 기부의 2~3cm 정도 되는 부위에서 형성층 양편이 평행하도록
일직선으로 깎아낸다.

대목은 지면으로부터 4~5cm 높이를 남기고 전정가위로 자른 다음 매끈
하고 수직으로 된 수피와 형성층에 목질부를 약간 포함하여 2~2.5cm 정도
깊이로 위에서 밑으로 쪼갠다.

접수와 대목을 조제한 후 접수의 형성층과 대목의 형성층이 서로 잘 맞도
록 접수를 끼워넣고 비닐테이프(두께 0.03mm, 폭 3~4cm)를 이용하여 아래에

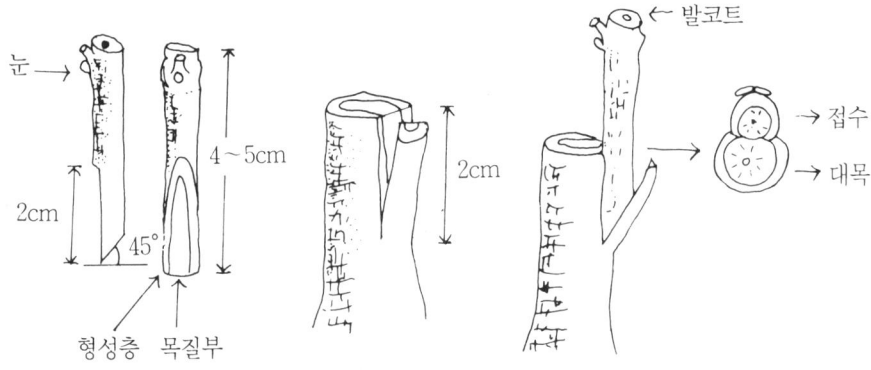

(가) 접수손질
접수로 사용할 가
지의 덧가지를 제
거하고 4~5cm로
잘라 눈의 하단부
위를 깎아낸다.

(나) 대목손질
대목의 매끈한 부
위에 목질부를 약
간 붙여서 2cm 가
량 쪼갠다.

(다) 접목
접수와 대목의 형성층
을 맞추어 끼워 넣는
다. 이때 양쪽의 형성
층중 한쪽을 기준하여
맞춘다. 비닐로 감고
접수 상단면에 발코트
를 바른다.

〈그림 5-21〉 깎기접의 순서

<그림 5-22> 대추나무의 깎기접 모양

서 형성층을 맞춘 위쪽으로 돌려 접수를 끼운 자리에 틈이 나지않도록 감아 묶어주면 된다. 접목을 한 후에는 접수 상단부분에 발코트나 밀랍을 발라줌으로써 접수가 마르지 않도록 한다.

(3) 접목시기

대추나무의 접목은 봄철에 실시하는 경지접(硬枝接)과 여름철에 실시하는 녹지접(綠枝接)으로 구분할 수 있다.

경지접은 접수와 대목의 조직내에 저장양분을 풍부하게 함유하고 있으므로 비교적 활착상태가 균일하고, 묘목의 생육이 왕성하므로 가장 보편적이면서도 안정적인 방법이다.

① 경지접

대추나무를 경지접목함에 있어서 그 실시시기는 접목활착과 묘목의 생육에 막대한 영향을 준다.

대추나무는 발아기가 4월 하순 경으로 매우 늦고, 목질부의 재질(材質)이 단단하여 접목시기를 적기보다 훨씬 더 늦게 실시하는 경우가 많아서 접목 활착율을 저하시키는 직접적인 요인으로 작용한다.

접목적기는 〈표 5-8〉에서 보는 바와 같이 나주지방의 경우 3월 20일과 4월 5일에 접목한 것이 그 이전 또는 그 이후에 접목한 것에 비하여 접목활 착률이 높고 우량묘목의 득묘율도 높아서 남부지방은 3월 하순~4월 상순, 중부지방은 4월 상순~중순 경이 경지접의 적기에 해당된다.

〈표 5-8〉 경지접목 시기별 접목묘의 생육상태   (김 등, 1981)

접목시기	접목활착율(%)	신초묘율(%)	우량묘율(%)	묘목신장량(cm)
3월 5일	57.2	50.6	45.6	63.7
3월 20일	82.8	58.5	78.6	74.6
4월 5일	81.2	77.0	57.0	57.9
4월 20일	53.3	43.3	30.4	53.1
5월 5일	43.6	30.8	30.8	63.8

※ 우량묘율 : 묘목길이가 30cm 이상 되는 묘목비율.
　　접목장소 : 원예시험장 나주지장.

3월 상순에 접목하면 기온과 지온이 너무 낮아서 형성층의 유합이 지연되므로 접목활착율이 저하된다.

접목시기가 4월 하순 이후로 늦어질수록 기온과 지온이 높아져서 접목부 위의 형성층이 완전히 유합되기 이전에 접수가 발아하여, 생장에 필요한 양·수분이 대목과 접수 사이의 유합조직 부위에서 차단되므로 접수에는 충분한 양·수분의 공급이 어려워져서 결국 〈그림 5-23〉 및 〈5-24〉와 같이 신초선단부가 고사하게 된다.

이러한 사실을 뒷받침 해주는 것이 〈그림 5-25, 5-26〉으로서 접목 1개월 동안의 온도가 25℃ 이상으로 높아질수록 초기의 접목활착은 잘되다가 1개

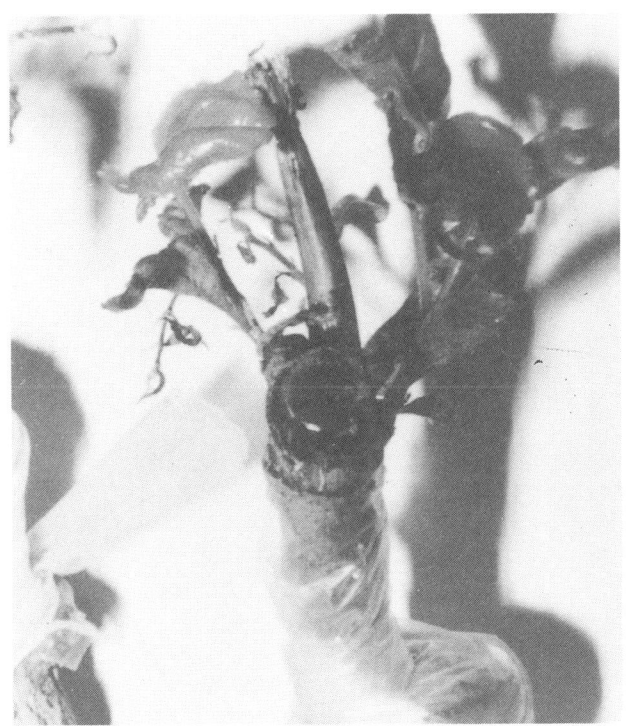

<그림 5-23> 접목묘의 신초선단부가 고사한 모양

<그림 5-24> 신초가 고사된 후 접수의 절단면에서 발생된 캘러스(Callus)로부터
새싹이 분화되는 모양

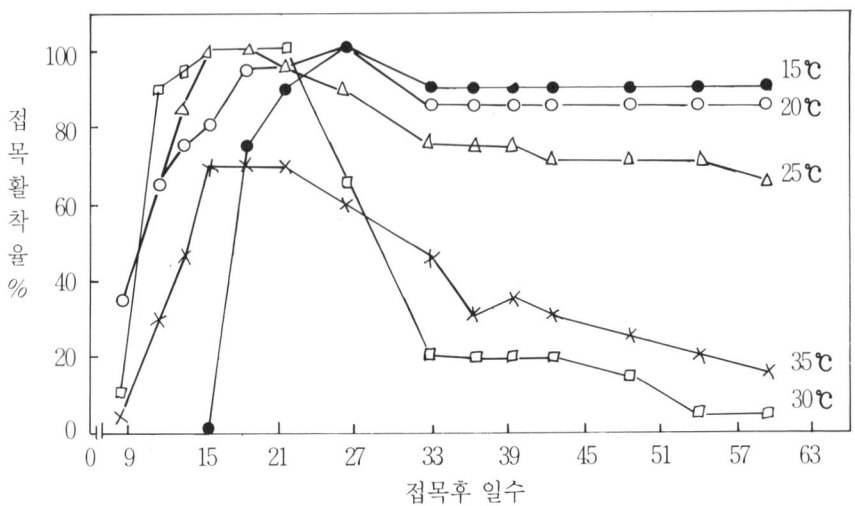

<그림 5-25> 대추 접목 후 1개월 동안의 온도별 접목활착률

1개월 후에는 22℃ 유지(김등, 1981)

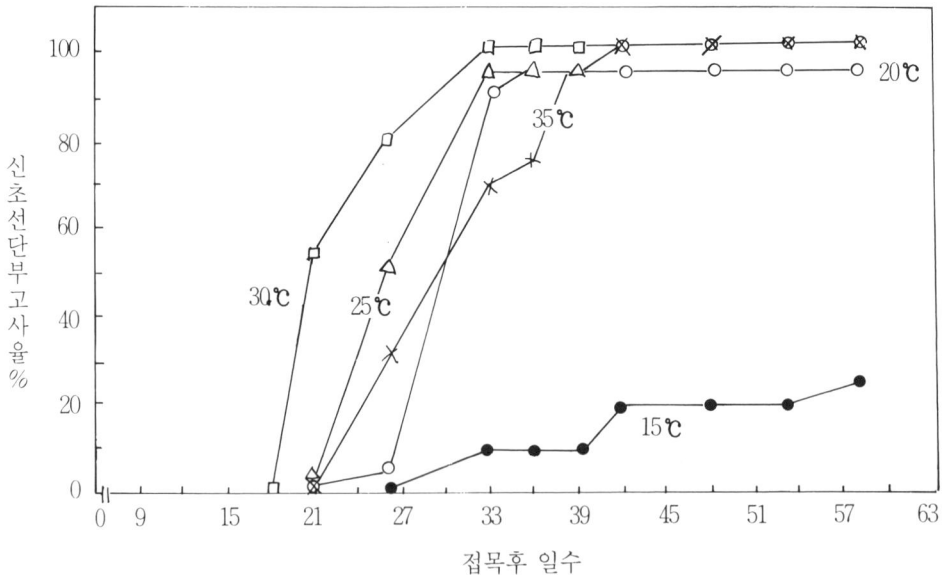

<그림 5-26> 대추 접목후 1개월 동안의 온도별 신초선단부 고사율

1개월 후에는 25℃ 유지 (김 등, 1981)

월 이후부터 신초의 고사현상이 심화되어 접목활착율이 현저히 떨어지게 되는 것이다. 이러한 현상은 봄철 접목 후 기온과 공중습도가 높을수록 두드러지게 나타난다.

② 녹지접

봄철에 실시하는 경지접을 실패하여 접목활착이 안될 경우에는 대목에서 발생하는 여러 개의 대아(台芽) 가운데 충실한 것 하나만을 남겨서 튼튼하게 생장시킨다〈그림 5-27〉.

이러한 신초는 그대로 방치하였다가 이듬해 봄에 다시 경지접용 대목으로 이용하는 것이 보통이지만 1년을 앞당겨 접목묘를 만들고자 할 때는 6월 하순~7월 중순사이에 녹지접을 실시한다.

녹지접은 접수로서 당년에 자란 경화가 덜된 신초를 이용하므로 경지접에서와 같은 깎기접(切接)으로는 곤란하다. 따라서 이때에는 짜개접(割接)이 적당하다. 즉, 접수는 곁가지와 잎을 제거한 당년생 신초를 1마디씩 잘라서 접수 하단부위의 양면을 쐐기모양으로 끝을 뾰족하게 깎는다. 대목도 경화가 덜된 것이라야 하며 지면에서 5㎝ 정도의 높이로 자르고 중앙을 일자형(一字形)으로 자른다. 대목과 접수의 형성층이 맞도록 꽂은 다음 비닐테이프로 잡아매서 빗물이 스며들지 않도록 하고 접수 상단면에는 발코트를 발라준다.

토양수분이 많을 때에 녹지접을 하면 접수 상단에 칠한 발코트가 굳기 전에 대목과 접수의 물관부를 통하여 수액이 넘쳐 흐르게 되므로 이러한 상태로 방치해두면 2~3일 후 수액의 유출이 정지되면서 접수가 고사하고 만다. 따라서 토양수분이 충분한 상태에서 녹지접을 수행할 때에는 접목하기 하루 전에 섭수를 1마디씩 절단하고 상단면에 발코트를 칠하여 두었다가 다음날 곧바로 접목하면 된다.

녹지접의 활착률은 해에 따라 그 변이가 매우 심하다. 이와 같은 현상은 녹지접을 한 후의 기상상태에 따라 크게 좌우된다. 즉, 접목후 10~20일 동안 날씨가 맑은 날이 많으면 접목활착율이 높지만 장마기와 중복되면 접수나 대목

<그림 5-27> 경지접의 접목활착이 안된 대목으로부터 대아가 자라는 모양

묘목이 비교적 쇠약하므로 월동관리에 유의한다.
<그림 5-28> 녹지접목된 대추나무

조직 내에 저장양분이 충분히 축적되어 있지 못하므로 대부분 고사되고 만다.

　장마기를 피하기 위하여 녹지 접목시기를 너무 늦추면 접목활착은 되더라도 접목묘의 생육이 불량하므로 월동기에 동해를 받기 쉽다.

③ 고접

　우리나라의 전국 각지에는 아직도 과실 품질이 불량하고 수량이 적은 재래종 대추가 많이 재배되고 있어서 우량품종으로 대체가 시급한 실정이다.

　기존의 재래종 대추 과원을 신품종으로 전환시키려고 할 때에는 별도로 대목을 구하기도 어렵거니와 묵은 나무를 제거하는 일도 쉽지 않으므로 이러한 경우에는 고접(高接)을 실시하면 좋다. 특히 고접은 수관의 확대가 빠르므로 여러 면에서 매우 유리하다.

　고접의 적기는 경지접보다 약 1주일 정도 더 늦게 실시한다. 즉, 남부지방은 4월 중순 경, 중부지방은 4월 하순 경이 대추 고접의 적기로 볼 수 있다.

　고접을 실시하려면 우선 대목을 다듬어야 하는데 부주지 또는 측지를 〈그

<그림 5-29> 대추나무의 고접 갱신

림 5-29〉에서와 같이 10~15cm 정도 남기고 절단한 후, 피하접(皮下接) 또는 깎기접(切接)을 하는 요령으로 대목과 접수를 조제하여 접목한다. 피하접이 란 대목이 너무 굵을 경우 칼로 자르기가 어려우므로 접수를 삽입할 크기 만큼 폭 7~8mm, 길이 3cm 정도로 대목의 수피를 접도 끝으로 오려서 벌린 다. 접수는 2~3마디에서 자르고 끝눈 쪽 아랫부분에 목질부가 약간 붙을 정 도로 면을 바르게 3cm 정도 깎아 내리고 뒷면은 급경사지게 깎는다. 이와 같 이하여 대목의 깎은 자리에 대목 형성층과 접수 형성층의 한쪽이 서로 맞닿 도록 하고 대목에 붙어 있는 나무 껍질을 위로 올려 덮은 다음 비닐테이프 로 잡아맨다.

접수의 절단면에는 발코트를 도포하여 접수의 건조를 방지하고 길이 50cm 정도의 지주를 접목부위마다 설치해서 신초가 절단되지 않도록 한다.

(4) 접목후의 관리

① 신초묘와 잎줄기묘

접목 후 3~4주일이 지나면 접수와 대목의 형성층 부위에 유합조직이 발 달되면서 접목활착이 되는 것과 동시에 접수와 대목의 눈이 발아하여 신초 로 생장한다.

대아(台芽)는 접수의 눈보다 발아가 다소 빠르고 세력이 강하여 방치할 경우 접수의 생육을 저해하므로 적어도 일주일에 한 번씩은 대아를 제거해야 한다.

접목활착된 대추묘목을 유심히 살펴보면 〈그림 5-30〉과 같은 두가지 모양 의 묘목 즉, 정상적으로 신초(新梢)가 있는 묘목과 신초가 없는 대신 잎줄기 (葉梢)만 신장하고 있는 묘목이 섞여 있음을 알 수 있다.

신초가 없는 잎줄기묘목은 묘목이 월동한 후에 잎줄기가 기부에서 모두 탈락되어 버리므로 결국 1년 동안 생장한 묘목의 크기는 원래의 접수 크기 에 불과하다.

따라서 이와 같은 잎줄기묘는 정상적인 묘목이 못되므로 이듬해에도 그대로 묘포에서 재생장을 시키면서 신초의 발생을 유도해야 한다〈그림 5-31 참조〉.

신초묘(정상)

<그림 5-30> 잎줄기묘(비정상)

대추의 접목묘에서 이러한 현상이 나타나는 원인은 눈(芽)의 구조적 특징
에 기인한다. 즉, 대추나무의 눈은 신초가 될 눈(新梢芽 : vegetative bud)과

잎줄기가 될 눈(葉梢芽 : reproductive bud)이 함께 존재하는 혼합아(混合芽)로서 균일한 상태의 접수를 사용했더라도 경우에 따라 신초묘가 되기도 하고 잎줄기묘가 되기도 하는 것이다.

지난해에 접목했으나 잎줄기만 발생하여 겨울철에 탈락되고 봄철에 다시 재생장하는 모양

<그림 5-31> 잎줄기묘의 재생장 과정

잎줄기의 길이가 10cm 정도인 6월 중하순경이다.

<그림 5-32> 잎줄기묘의 잎줄기 절단처리 적기.

이와 같은 잎줄기묘는 접목번식상 심각한 불이익을 초래하므로 가급적이면 잎줄기묘가 발생되지 않는 접목요령을 이해해 둘 필요가 있다.

잎줄기묘의 발생을 최소화할 수 있는 방법은 접목시 접수로서 1년생 1차지를 사용하여 근군의 상태가 양호한 실생대목에 제자리접을 하되 접목 적기를 벗어나지 않아야 한다. 접수가 1년생 2차지 또는 2년생 이상의 묵은 가지이거나 대목의 근군 상태가 불량할 경우, 또는 들접을 하거나 접목 적기를 벗어나는 경우에는 이와 같은 잎줄기묘의 발생이 현저히 많아진다.

그러나 이상적인 접목조건을 갖추어 주더라도 10~15% 정도의 잎줄기묘는 발생하게 되므로 잎줄기묘를 당년에 정상적인 신초묘로 전환시킬 필요가 있다.

잎줄기묘로부터 신초를 발생시키는 방법은 〈그림 5-32, 5-33〉 및 〈표 5-9〉와 같다. 즉, 잎줄기가 10cm 정도 생장하였을 때 각 잎줄기상의 기부잎을 3매씩 남기고 절단해주는 방법으로서 그 시기는 대개 6월 중·하순 경이다.

잎줄기의 기부엽 3매씩을 남기고 절단한다. 잎을 모두 제거하면 신초는 발생하여도 생장이 빈약하다.

〈그림 5-33〉 잎줄기 절단처리

잎줄기를 절단 처리한 후 10~15일경이면 신초가 발생한다.
<그림 5-34> 신초가 발생되는 모양

잎줄기를 발생 초기부터 기부에서 제거해버리면 신초의 발생효과는 매우 높지만 묘의 생장이 부진하고, 반면에 잎줄기를 절단하되 그 시기가 너무 늦으면 늦을수록 신초의 발생율이 떨어지므로 그만큼 더 불리하다.

〈표 5-9〉에서 보는 바와 같이 잎줄기가 10㎝ 정도 생장했을 때의 처리효과가 높은 이유는 왕성하게 성장하는 잎줄기의 선단부에서 식물의 발아억제 호르몬인 오옥신(auxin)의 생합성량이 많아서 신초가 될 눈의 발아를 억제하고 있으므로 이때 잎줄기의 상부를 절단하면 오옥신의 공급이 중단되고 동시에 흡수된 양·수분과 뿌리에서 생합성된 발아촉진 호르몬인 사이토카이닌(cytokini)이 신초가 될 눈(新梢芽)에 집중되므로 신초의 발생이 가능한 것이다.

한편 잎줄기를 절단할 때에 기부엽을 3매씩 남기는 것은 남아 있는 잎에서 광합성 작용을 하여 동화물질(同化物質)을 생산함으로써 새로 발생된 신초의 생장에 이용되기 때문에 묘목의 생장을 도모하는데 중요한 역할을 한다.

그러나 모든 잎줄기묘가 이와 같은 잎줄기 절단처리에 의하여 신초를 가진 정상묘가 되는 것은 아니고, 대목 또는 접수의 상태가 불량하여 잎줄기의 생장이 왕성하지 못할 때에는 잎줄기의 절단처리를 해주더라도 신초의 유기는 불가능한 경우가 많다.

신초묘의 득묘율을 더욱 더 높일 수 있는 방법은 잎줄기의 절단처리와 동시에 벤질아데닌(benzyladenine) 100ppm 용액(벤질아데닌 1g을 물 10 *l* 에 녹인 것)을 남은 잎에 살포해주면 신초의 발생을 촉진시켜 준다. 벤질아데닌은 물에 녹지 않으므로 수산화칼리(KOH) 1% 용액 5*ml*에 충분히 녹인 후 물로 희석하여 사용한다.

<표 5-9> 잎줄기의 절단처리가 대추접목묘의 생육에 미치는 영향 (김 등, 1981)

처 리 방 법	처리시기	신초묘율 (%)	신초신장량 (cm)	우량묘율 (%)
무처리		19.5	3.7	8.5
잎줄기 발생 초기 기부절단	6월 상순~중순	86.5	9.8	27.4
잎줄기 10cm 생장시 3마디째 절단	6월 중순~하순	65.0	14.0	51.3
잎줄기 20cm 생장시 3마디째 절단	7월 상순	48.6	9.0	22.7

② 접목 묘포의 일반관리

접목활착하여 신초가 발생된 묘목은 7월 경 지주를 세워서 묶어 준 다음 접목부위에 감았던 비닐테이프를 풀었다가 다시 느슨하게 묶어 준다. 우리 나라는 7~8월에 예외없이 태풍이 지나가므로 지주를 세워야 안심할 수 있다.

가뭄이 15~20일 이상 계속되면 관수를 해주어야 묘목의 생장이 중지되지 않는다.

장마철에는 배수를 철저히 해주어야 하는데 특히 침수가 우려되는 낮은

발견 즉시 제거한다.

<그림 5-35> 빗자루병에 걸린 대추묘목.

지역은 묘포로서 부적당하다. 묘목이 침수되었을 때에는 물이 빠진 직후 동력분무기로 잎을 씻어주고, 살균제를 뿌려서 발병을 막는다.

　　대목부위에서 발생하는 대아(台芽)는 한달에 2～3회씩 전정가위로 기부에서 제거해 주어야 하고, 제초를 철저히 하여 묘목과 잡초가 경합하지 않도록 한다. 묘목은 키가 낮으므로 경엽처리용 제초제를 사용해서는 안되며 인력제초 후 잡초종자 발아억제 제초제를 뿌려주면 편리하다.

　　접목 묘포에서 발생되는 병해충은 빗자루병, 세균성 반점병, 박쥐나방 등이 있다.

가해 초기에 철사로 찔러서 유충을 죽인다.

<그림 5-36> 박쥐나방의 피해 부위

묘목의 생장을 위하여 결실 초기에 적과해 주어야 한다.

<그림 5-37> 접목 당년에 결실된 대추묘목.

빗자루병은 분주대목을 사용했거나 빗자루병에 걸린 접수를 접목했을 때 발생되는데 나무가 어려서 수간주입(樹幹注入)하기도 곤란하고, 또 주변의 묘목에 전염될 우려가 있으므로 발견 즉시 뿌리까지 굴취하여 소각하거나 묘포에서 멀리 떨어진 곳에 버린다.

세균성반점병(細菌性斑點病)은 장마가 끝난 직후 고온기에 발생되는데 일반적으로 피해가 심하지 않으므로 특별한 방제를 할 필요가 없으나 매년 피해가 심한 지역에서는 7월~8월에 아그렙토수화제 등을 철저히 살포한다.

접목포 주변에 아카시아나무가 많이 분포되어 있거나 묘목이 잡초에 뒤덮여 있게 되면 박쥐나방이 발생하기 쉽다. 박쥐나방은 대추나무의 접목부위 바로 윗 부분의 수피를 한바퀴 돌면서 갉아먹은 후 목질부 내부에 들어가므로 처음에는 묘목이 시들다가 나중에는 저절로 꺾어지게 된다. 방제법은 접목포의 제초를 철저히 하고 6~7월경 살충제를 3~4회 정도 살포한다. 6월 중순부터 7월 상순 사이에 집중적으로 발생하므로 일주일 간격으로 묘포를 순회하면서 박쥐나방의 가해 초기에 철사로 찔러서 유충을 죽이거나 유기인제의 원액을 주사기에 담아 박쥐나방의 가해 갱도에 주입하여 구제한다.

대추나무는 조기결실성 과수이므로 접목 당년부터 결실되는 경우가 있는데, 이는 묘목의 생장을 억제하므로 결실 초기에 적과해야 한다.

3. 삽목

대추나무의 번식방법에 있어서 접목번식이 바람직한 방법이기는 하나 대목 생산이 번거롭고, 묘목 생산기간이 2년 이상 소요되는 등 대추묘목의 대량번식에 까다로운 제한 요인이 되고 있다.

특히 대추나무는 흡지의 발생이 왕성한 과수이므로 우량품종의 자근묘(自根苗)를 생산하여 재식할 경우 대목용이 아닌 묘목용 분주번식이 가능하다는 장점이 있다.

1) 가지삽목

일반적으로 가지삽목은 경지삽(硬枝揷)과 녹지삽(綠枝揷)으로 구분되는데 대추나무에 있어서 경지삽목법은 아직까지 개발되지 못한 실정이고 반면에 녹지삽목법은 어느 정도 실용화 단계에 이르고 있다.

(1) 삽수채취 및 조제

삽수는 6월 하순 경 당년생 신초를 이용한다. 너무 일찍 삽목을 하면 가지의 경화가 부족하여 삽수가 썩기 쉽다. 삽목시기가 7월 이후로 늦어질수록 삽수의 부패율은 감소하지만 유합조직(캘러스 : callus)만 유기될 뿐 발근율이 매우 낮다.

삽수의 조제는 〈그림 5-38〉에서 보는 바와 같이 20cm 정도로 절단하고 중간부위 이하의 잎을 제거한다. 상단부의 2차지 (덧가지)와 잎은 그대로 둔다.

(2) 발근 촉진제 처리

대추의 녹지를 그대로 삽목하면 유합조직만 형성될 뿐 발근은 거의 되지 않는다. 그러므로 대추나무의 삽목시에는 발근촉진제의 처리가 필수적이라고 할 수 있다.

대추나무의 발근촉진제로서 가장 효과적인 생장조정제는 인돌부틸산 (IBA : indolebutylic acid)2,000~3,000ppm이다. 즉 IBA 2~3g을 물 1 *l* 에 녹여서 여기에 삽수의 하단부위를 약 5초 동안 침지하고 살균제 캡 탄수화제로 분의(粉依)처리한 후 살균된 상토에 삽목한다.

(3) 삽목상의 조건

이상적인 삽목용토의 조성은 버미큐라이트 1 : 퍼어라이트 1의 비율로 혼합하여 사용한다.

<그림 5-38> 대추나무의 녹지삽목에 의한 발근상태

대추의 녹지삽을 위해서는 미스트삽목상의 시설이 필수적이다. 즉, 밀폐된 차광하우스 내에서 10분 간격으로 30초 동안 안개비과 같이 살수해줌으로써 실내를 항상 포화습도에 가깝도록 유지해야 삽수가 시들지 않게 된다.

(4) 삽목묘의 일반관리

미스트삽목상의 온도는 20~25℃가 적당하고 30℃ 이상의 고온이 되지 않게 한다.

IBA 2,000~3,000ppm에서 5초 침지
<그림 6-39> 발근촉진제 처리에 의한 무등과 금성대추의 삽목 발근효과

이와 같은 상태로 약 1개월을 경과하면 발근이 시작된다. 완전하게 발근된 삽목묘는 8월 하순 경에 유기물이 풍부한 토양에 가식하여 묘목의 생육을 촉진시키며 묘가 튼튼히 자라도록 한다. 특히 삽목묘는 첫해에는 내한성(耐寒性)이 매우 약하므로 월동시 보온에 힘써야 한다.

월동 후 봄이 오면 <그림 5-40>에서 보는 바와 같이 노지의 묘포에 옮겨 심어야 하는데 토양의 건조와 잡초의 발생을 막기 위하여 흑색비닐로 멀칭을 해주면 효과가 크다.

이러한 삽목묘는 2년생까지는 거의 신초가 발생을 못하지만 3년째에는 신초가 발생하고 나무의 생장이 왕성해져서 완전히 자근묘가 생산된다.

<그림 5-40> 대추 삽목묘의 이식. 흑색비닐로 멀칭을 한다.

2) 뿌리삽목

대추나무의 뿌리는 절단면의 유합력이 강하며 뿌리의 어떤 부위에서도 맹아력(萌芽力)을 지니고 있기 때문에 뿌리삽목(根揷)이 가능하다.

(1) 삽근채취 및 조제

뿌리를 채취할 모수(母樹)의 가장 중요한 요건은 빗자루병에 걸려있지 않아야 한다. 빗자루병을 발생시키는 마이코플라스마균은 전신성 병원균(全身性病原菌)이므로 지상부는 물론 뿌리에도 감염되어 있다. 따라서 빗자루병에 걸린 나무에서 뿌리를 채취한 뿌리삽목묘는 모수와 마찬가지로 빗자루병에 걸리게 된다.

삽근의 채취는 3월 상순 경이 적당하다. 일시에 많은 양의 삽근을 채취하려면 밀식된 과원에서 간벌을 하거나 심경(深耕)을 실시하는 것이 좋다. 삽근(揷根)의 길이는 15~20cm 정도로 자르고 곁뿌리와 잔뿌리는 제거하지 않아야 한다. 삽근이 굵을 수록 저장양분이 많으므로 더 짧게 절단함으로써 많은 수의 삽근을 얻을 수 있다.

(2) 삽근의 유합조직 형성유기

채취한 삽근을 곧바로 삽목하게 되면 삽근의 양쪽 절단면에 유합조직의 생성이 지연되므로 뿌리가 건조하기 쉽고 고사율이 높다. 그러므로 채취한 뿌리는 습한 톱밥과 섞어서 나무상자에 넣고 15~20℃의 온도가 유지되는 곳에 15~20일 동안 경과시켜두면 유합조직 발달하고 뿌리 및 눈의 원기가 잘 분화됨으로써 삽목 후 발근 및 발아가 용이하다.

(3) 삽목방법

3월 상순경에 채취한 삽근은 3월 하순에 유합조직이 형성되므로 기온과 지온이 높아진 4월 상순 경에 삽목상 또는 노지의 육묘상에 삽목해야 한다.

유합조직이 형성된 삽근은 온도·습도·토양 및 병원균에 대한 적응력이 높으므로 별도의 삽목상에 삽목할 필요가 없이 곧바로 묘포에 삽목하는 것이 실용적이다.

우선 묘포는 50~60cm 폭의 이랑을 만들고 30~40cm 간격으로 2줄의 긴 삽목용 골을 만든 다음 삽근을 약 30cm 간격으로 삽목한다.

이때 삽근을 수직으로 세우는 것보다 45° 각도로 비스듬히 삽목함으로써 발근부위가 지표에 가까워 산소공급이 원활하고 결국 발근이 용이해진다. 삽근은 땅속에 완전히 묻혀서는 안되므로 상단부가 약2~3cm 정도 지표 밖으로 노출되게 한 후 볏짚으로 가볍게 멀칭해 준다.

발근과 맹아를 촉진시키고자 할 경우에는 삽목 직전에 삽근의 하부에는 발근촉진제 인돌부틸산(IBA) 2,000ppm 용액에 5초간 침지하여 삽목한다.

(4) 삽목묘의 일반관리

삽목 후에는 삽근이 건조되지 않도록 수시로 관수를 해주어야 한다.

삽목 후 1개월 정도 경과하면 삽근이 맹아되어 짚멀칭을 뚫고 싹이 나오는데 대개 2~3개 이상의 신초가 발생하는 것이 보통이므로 그 가운데 가장 충실한 것 1개만 남기고 나머지는 제거한다.

뿌리삽목에 의하여 얻어진 묘목은 모수가 접목된 나무일 경우, 대목으로 이용해야 하고, 만약 모수가 우량품종의 자근묘일 경우에는 모수와 삽목묘의 유전형질이 동일하므로 그대로 묘목으로 이용할 수 있다.

◇ 참고문헌 ◇

1. Hartmann, H. T. and Kester, D. E. 1975. Plant Propagation, Principles and Practices, third edition. Prentice-Hall, Inc., Englewood Cliffs, New Jersey.

2. 金月洙 · 金容碩. 1984. 대추種子의 發芽中 炭水化物, 蛋白質, RNA 및 加水分解酵素의 活性變化. 韓國園藝學會誌 25(2) : 109-115.

3. 金容碩 · 金月洙. 1983. 대추 果實 및 種子의 發育過程과 種子發芽에 關한 硏究. 農試報告 25(園藝) : 47-53.

4. 金容碩 · 金月洙. 1983. 대추種子의 發芽에 影響을 미치는 條件에 關하여, 農試報告 25(園藝) :125-130.

5. 金容碩 · 金月洙 · 洪庚熹. 1982. 대추나무 接木繁殖에 關한 硏究. 農試報告 24(園藝) : 117-122.

6. 大野正夫. 1973. 果樹の接木, 揷木と高椄更新. 傳友社.

7. 徐興洙 · 金容九 · 李宗石. 1984. 果樹揷木 繁殖에 關한 試驗. 園試報告(果樹) : 284-288.

제6장 개원 및 재식

1. 원지(園地)의 선택 및 조성

1) 지형 및 토양

대추의 평지재배는 관리작업이 편리하지만 토지구입비가 비싸므로, 국토의 효율적인 이용면에서도 산지(山地)에 대추과원을 조성하는 것이 바람직하다.

산지는 지력이 낮고 경사지가 많아서 농기계 이용과 일반관리가 불편하나 배수가 양호하고 일조량이 평지보다 더 많으므로 비배관리만 잘하면 품질좋은 과실을 다수확할 수 있다.

그러나 표토의 유실이 많고 작토층(作土層)이 얕으며 모래와 자갈이 많을 뿐만 아니라 유기물의 함량이 적어서 척박하고 가뭄의 피해를 받기 쉽다. 또한 토양이 단단하고 보수력(保水力)이 약하므로 나무를 심은 후에도 계속적인 토양개량의 노력이 필요하다.

2) 산지개간

대추과원을 조성하기 위한 산지의 개간은 개간방법에 따라 점진개간과 일시개간으로 구분되며, 개간형태에 따라 등고선 개간(等高線開墾)과 계단식개간(階段式開墾)으로 나눌 수 있다.

(1) 점진개간법

경사도가 낮은 산지에서 노력과 자본을 감안하여 연차적으로 개간면적을 확대해가는 방법이다.

나무 심을 구덩이를 파고 나무를 심은 후, 나무가 자람에 따라 나무를 중심으로 연차적으로 심경하면서 전면적을 개간하는 방법이다.

이 개간법은 노력과 개간비용이 일시에 많이 소요되지 않고, 토양 유실을 최소화할 수 있는 잇점이 있으나 관리에 불편한 점이 있다.

(2) 전면 일시개간법

과원으로 조성할 전면적을 일시에 개간하는 방법이다. 이 개간법은 산지의 경사도가 높을 경우에 계단식으로 개간할 때 채택된다.

일시에 많은 노력과 비용이 소요되며, 토양 침식이 우려되기는 하나 작업이 편리하고 간작(間作)을 할 수 있어서 경지활용이 유리하다.

(3) 등고선 개간

경사도가 12~15°인 산지에서는 원래의 지형을 크게 변경시키지 않고 원형에 가까운 상태로 개간한다.

이 개간법은 토지의 이용 가능 면적이 많고 흙의 이동이 적으므로 토질의 변화가 없고 개간비용이 적게 들며, 특별한 기술과 장비가 없어도 개간이 가능하다. 토양유실을 최소화 할 수 있고 등고선에 따라 초생대(草生帶)를 설치하여 농로(農路)로 이용할 수 있으므로 토양의 붕괴를 막을 수 있다.

(4) 계단식 개간

경사도가 17° 이상되는 급경사지를 개간할 때에 적당하며, 경지가 좁은 지역에서 실시한다. 경사도에 따라 계단을 만들어 지면의 기복(起伏)을 단순화 시켜야 하므로 개간비용이 많이 들고 땅속으로 스며드는 새로운 복류수

(伏流水)가 생겨서 토양붕괴의 위험성이 있다.

계단을 설치해야 하므로 계단보존 비용이 많이 들고, 농기계의 활용이 제한받게 된다.

3) 농로의 조성

넓은 과수원을 조성할 때에는 간선농로와 지선농로를 만들어 농용자재와 생산물을 운반하고 동력분무기 등 대형농기계를 활용할 수 있도록 농로가 조성되어야 한다.

평탄지에서는 폭 5m의 간선농로를 40~50m, 경사지는 30~40m의 사이를 두고 설치하며, 지선농로는 간선농로에 이어서 3~4m의 넓이로 설치한다. 초생대가 설치된 곳에서는 지선농로가 필요없다.

4) 배수로 및 배수구

배수가 불량하거나 지하수위가 높은 곳에서는 명거(明渠)와 암거(暗渠)의 배수로를 설치하고, 배수가 잘되는 경사지는 농로 또는 등고선과 평행으로 배수로의 여러 지점에 집수구(集水溝)를 만든다.

계단식 개간지에서는 계단 안쪽으로 지표수(地表水)를 모아들이는 승수구(承水溝)를 만들어 배수구와 연결함으로써 토양의 유실과 계단의 붕괴를 방지한다.

과원의 토성이 배수가 불량한 중점토양일 경우에는 1m 깊이의 암거를 설치하여 지하수를 배수시킨다.

5) 용수시설

관개 및 약제살포용 수원은 과원의 중앙부 혹은 높은 곳에 설치하는 것이 이용에 편리하다.

대추 성목원 10a(300평)당 연 6회 정도 약제를 살포한다면 약 3t의 물이 필요하고, 1ha라면 30t의 약제용수가 필요하며 관수를 할 경우는 더 많은 물이 필요하다. 관수량은 10a당 1회에 25~50t의 물을 관수할 수 있어야 하고 약제살포용은 10a당 0.5t 정도의 저수탱크면 충분하다.

6) 방풍림의 조성

대추는 결실량이 많은 과수이므로 8~9월경 강풍에 의하여 심한 낙과 피해를 입는 경우가 있다. 그러므로 바람이 많은 곳이나 특히 매년 태풍의 피해를 받는 지역에서는 바람이 불어오는 방향에 방풍림을 조성하여 바람의 피해를 줄이도록 한다.

2. 수분수의 혼식

대추는 단위결실성(單爲結實性)이 있어서 한 품종만 심더라도 결실이 가능하지만 단위결실된 과실은 핵안에 인(仁)이 들어있지 않고, 과실이 비교적 작으며 낙과가 심한 경향이 있으므로 수분수를 심는 것이 안전하다. 수분수의 혼식비율은 주품종의 20% 정도가 바람직하다.

<표 6-1> 대추의 개화시각에 따른 품종별 구분

오 전 개 화 성 품 종	오 후 개 화 성 품 종
Ja-10, Jc- 28a. Jc-28b Jc-28c, Jc- 29, Jd-10 Jd-12a. Jd- 12b, Jd-13 Jd-14, Jd- 16, Je-1 Je-3, Je- 8, Jg-6 Jg-10, Jh- 1, Ji-12 Ji-1, Jk- 2, 보은대추	무등, 금성, 월출, Ja-2 Jb-21, Jc-31, Jk-4, 복조, 홍안

수분수의 선택조건은 주품종과 개화시각이 같은 품종이어야 하는데, 만약 개화시각이 서로 다른 품종을 혼식하면 주품종이 개화하기 이전에 또는 개화한 얼마 후에 화분을 제공하게 되므로 수분수의 역할을 충분히 할 수 없다. 〈표 6-1〉에서 보는 바와 같이 대추의 개화성은 오전 개화성 품종군과 오후 개화성 품종군으로 구분되므로 동일 개화군에 속하는 품종끼리 심어야 수분수의 혼식효과를 기대할 수 있다.

3. 재식

원지(園地)가 정리되면 묘목을 재식해야 하는데 묘목을 준비한 후 재식하기까지에는 여러 가지 고려할 점들이 많다.

1) 재식시기

묘목을 심는 시기는 가을심기(秋植)와 봄심기(春植)로 나눌 수 있는데, 잎이 떨어진 후부터 싹이 나오기 전까지에는 땅만 얼지 않았으면 어느 때라도 심을 수 있으나, 지역에 따라 남부지방에서는 가을에 심고, 중북부지방에서는 봄철에 심는 것이 안전하다.

가을에 묘목을 심을 경우에는 겨울을 지내면서 묘목이 동해나 건조의 피해를 입지 않도록 묘목을 짚으로 싸거나 흙으로 성토하여 보온에 힘쓰고, 가을에 심지 않은 묘목은 물이 고이지 않는 양지바른 곳에 임시로 가식하여 두었다가 봄에 심는다. 이때 묘목의 뿌리에 찬바람이 스며들지 않고, 뿌리가 마르지 않도록 고운 흙을 잘 채워주어야 한다.

2) 재식거리

  단위면적당 몇그루의 대추나무를 심을 것이며, 재식거리를 어느 간격으로
하여 심을 것인가는 지형, 지력 및 재배방법 등에 따라서 달라지게 된다. 대
추나무는 비교적 교목성이므로 재식거리가 매우 넓어야 하지만 주어진 토지
와 공간을 최대로 이용하기 위해서는 재식초기에 어느 정도로 밀식하였다가
나무의 수관이 확대되어 감에 따라 점진적으로 간벌하는 방식이 바람직하
다. 즉, 재식시에는 10a 당 42주(4m×6m)∼62주(4m×4m)를 재식하였다가
10여년 후 인접된 나무와 맞닿으면 간벌하여 10a당 21주(8m×6m)∼31주
(8m×4m)가 되게 한다〈표 6-2 참조〉.

  수분수는 재식주수의 20% 정도가 적당하므로 주품종 4열에 수분수 1열
의 비율로 심는 것이 좋다.

〈표 6-2〉 대추나무의 10a당 재식거리와 재식주수

구 분	재 식 당 시		간 벌 후	
	재식거리(m)	재식주수	재식거리(m)	재식주수
비 옥 지	4×6	42	8×6	21
척 박 지	4×4	62	8×4	31

3) 재식방법

  대추나무는 토양이 비옥하고 통기성이 좋아야 뿌리가 깊고 넓게 뻗을 뿐
만 아니라 한곳에서 수십년간 자라게 되므로 척박지 및 배수불량지는 미리
구덩이를 파고 토양을 개량해 주어야 한다.

  재식구덩이는 묘목을 심기 1∼2개월 전에 미리 파고, 메운 흙이 가라앉은
다음에 심는 것이 좋다.

  재식구덩이의 크기는 토양조건에 따라 차이가 있는데, 척박지에는 넓고
깊게 파도록 하고, 배수불량지에서는 습해를 피하기 위하여 구덩이를 낮게
파 묘목을 약간 올려 심는다. 배수가 양호하고 비옥한 모래 참흙에서는 지름

〈표 6-3〉 한 구덩이에 섞어 넣을 재료량

구덩이 크기 (cm) 재료(kg)	지름 120 깊이 80	지름 120 깊이 60	지름 60 깊이 60
미 숙 퇴 비	12	10	—
완 숙 퇴 비	8	6	4
석　　　　회	3	2	1
용 성 인 비	1	1	1
붕　　　　사	20	20	20

60cm, 깊이 60cm로 하고, 배수는 양호하지만 척박한 모래참흙에서는 지름 120cm, 깊이 80cm로 하며, 배수가 불량한 점질토양에서는 지름 120cm, 깊이 60cm 정도로 재식구덩이를 파주는 것이 좋다.

재식구덩이에 섞어 넣을 재료량은 〈표 6-3〉과 같다.

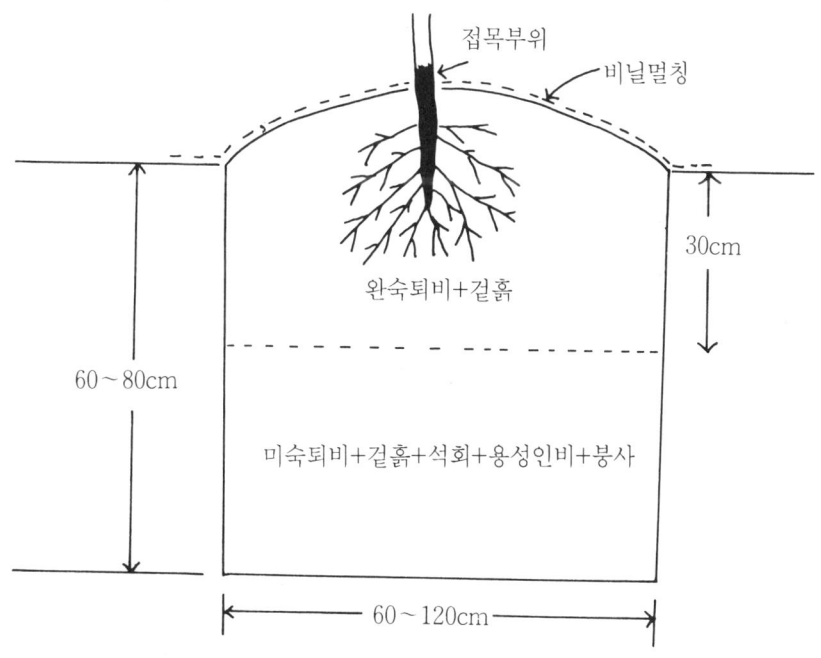

접목부위

비닐멀칭

30cm

완숙퇴비+겉흙

60~80cm

미숙퇴비+겉흙+석회+용성인비+붕사

60~120cm

〈그림 6-1〉 재식구덩이와 묘목심기

재식구덩이를 메울 때에는 구덩이를 파서 주위에 쌓아 놓은 흙 위에 완숙퇴비와 미숙퇴비를 따로 펴고, 석회·용성인비·붕사 등을 전면에 고루 뿌려놓은 후, 먼저 미숙퇴비와 흙을 고루 섞어가며 메운다. 이때 흙이 엉성하게 메워지지 않도록 약간씩 밟아가며 메워 준다. 경우에 따라서는 퇴비와 흙을 층층히 교호로 넣기도 하는데, 이때 퇴비 한 층의 두께가 5cm 이상되면 수분의 상하이동이 방해되어 건조나 과습의 피해를 받기 쉬우므로 너무 두껍게 넣지 않도록 주위해야 한다.

나무를 심을 때에는 묘목을 구덩이의 30cm 깊이에 놓고 뿌리를 잘 펴 놓은 후 완숙퇴비와 흙으로 메우면서 충분히 물을 주고 물이 완전히 스며들면 나머지 흙을 채워준다. 복토하는 높이는 묘목이 원래 땅속에 묻혀 있던 부위까지만 흙으로 덮는다〈그림 6-1 참조〉.

묘목을 심을 때 유의할 점은 흙이 가라앉은 후에도 접목부위가 지면에서 5cm 정도 올라오도록 높게 심어야 한다. 토양이 과습할 때보다는 적당히 건조할 때 심는 것이 좋으며, 습한 토양에 심을 때에도 반드시 물을 주어 흙이 뿌리 사이에 잘 들어가도록 한다.

묘목재식시에는 요소와 염화가리 등을 시비하지 말고 활착이 완료된 후에 기준량을 시용하도록 한다.

묘목재식이 완료되면 나무 주변의 지면에 투명비닐로 멀칭을 해줌으로써 지온이 높아지고 적당한 토양수분이 유지되며 묘목의 활착 및 생육이 양호할 뿐 아니라 잡초가 발생되지 않으므로 매우 효과적이다.

묘목을 묘포에서 굴취하거나 운반하는 도중에 뿌리가 많이 손상된 것은 재식 후 원줄기를 적당한 높이에서 자르고, 지주를 세워서 바람에 흔들리지 않도록 한다.

4) 재식후의 관리

대추나무는 이식을 하더라도 뿌리의 재생력이 강하고 묘목고사율이 비교

적 낮지만, 이식 당년에는 새 가지의 생장이 거의 이루어지지 않는다. 이에
반하여 묘목재식 당년부터 개화 및 착과되는 나무가 많으므로 재식후 2년까
지는 적과를 철저히 하고, 대목부위에서 발생하는 대아를 여러 차례 제거하
여 나무의 세력을 왕성하게 한다.

◇ 참고문헌◇

1. 淺見與七. 1956. 果樹栽培汎論.

2. 佐藤公一 外 4人. 1974. 果樹園藝大辭典. 養賢堂.

3. 永澤勝雄. 1978. 果樹栽培の新技術. 博友社.

4. 赤沼慶夕. 1971. 果樹園藝總論. 農業圖書株式會社.

5. 金聲遠. 1962. 果樹栽培技術.

6. 李運稙·尹信道. 1985. 감 栽培의 理論과 實際. 예일출판사.

7. 오왕근·신건철. 1986. 과수원 토양관리와 비료. 가리연구회.

제7장 정지 및 전정

1. 정지, 전정의 목표

대추나무는 과거부터 오늘날에 이르도록 대부분 자연형에 가까운 수형(樹形)으로 재배하여 왔기 때문에 성목이 될수록 수관 내부 및 수관 하부의 투광성(透光性)과 통풍성(通風性)이 나빠져서 결실부위가 수관 외부에 한정되므로 착과량이 적고, 품질이 불량해지며 병해충의 발생이 심해지게 된다.

나무의 골격을 튼튼하게 키우기 위해서는 가지의 분지각도(分枝角度)를 넓게 유지하도록 유목기부터 가지 유인을 해준다(그림 7-1 참조).

대추나무의 결실부위는 정지·전정이 제대로 안된 나무일수록, 그리고 재식거리가 지나치게 가까워서 밀식장해를 받는 나무일수록 신초의 생장이 수관의 상단부 쪽에서만 주로 이루어지고 수관 내부 또는 하단에서는 가지가

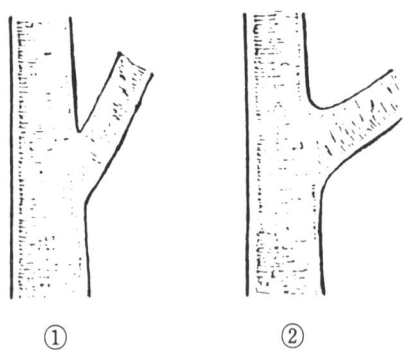

① 너무 좁아 깨지기 쉽다.
② 적당하여 튼튼하다.
<그림 7-1> 대추나무의 분지각도

점차 쇠약해지거나 고사된다. 그러므로 수관 하단부에서 튼튼한 가지가 자랄 수 있도록 가지간에 적절한 세력의 균형을 유지시켜 주어야 한다(그림 7-2 참조).

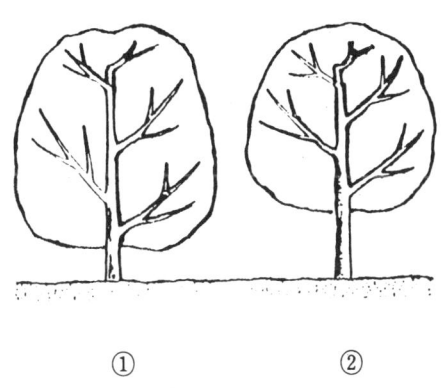

① ②
① 알맞은 높이로 균형잡힌 나무
② 너무 높아서 결과부위 면적이 적은 나무
<그림 7-2> 제1단 주지의 높이

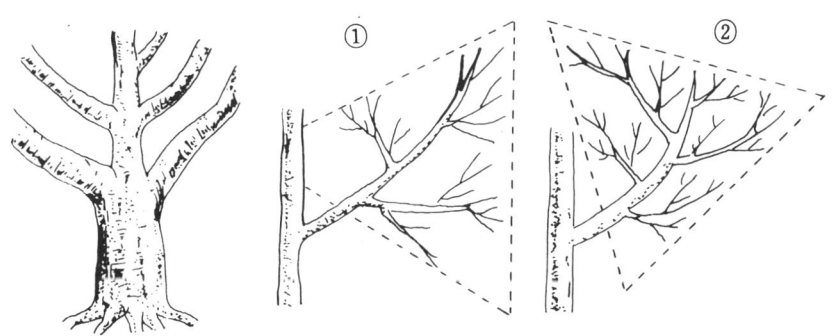

<그림 7-3> 바퀴살 가지

① 바르게 키운 것
② 바르지 못한 것
<그림 7-4> 가지의 구성상태

대추나무는 목질부의 재질이 강하지만 〈그림 7-3〉에서 보는 바와 같이 바퀴살가지(車枝)가 발생되면 결실기에 가지가 찢어지기 쉬우므로 대칭적으로 발생된 가지 중의 하나를 유목기에 미리 제거해야 한다.

주지상에 부주지나 측지를 배치할 때에는 기부 쪽에 굵고 긴 가지를 배치시키고 주지의 상단부로 갈수록 짧고 약한 가지를 배치하여 가지가 안정된 균형을 갖도록 하는 것이 수관 내부의 투광과 통풍에 유리하다.

2. 생장습성

대추나무의 생장습성은 여러 면에서 다른 과수와 차이가 있다.

즉, 대추나무 줄기가 생장할 때에는 원줄기와 함께 항상 덧가지(1년생 2차지)가 동시에 발생되며 원줄기상에서 덧가지가 분기되는 부위 바로 하단에 주아(主芽)가 위치하고 있지만 덧가지로부터의 정부우세성(頂部優勢性)에 의하여 발아하지 못하므로 신초의 발생수가 매우 적어서 이상적인 수형(樹形)을 구성하기가 어렵다.

대추나무의 원줄기 상에 신초를 발생시키려면 주아

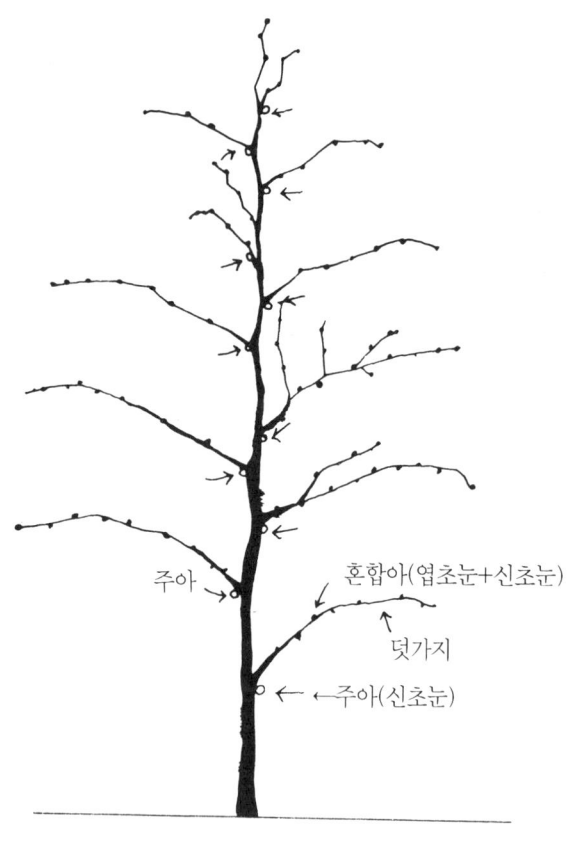

주아

혼합아(엽초눈+신초눈)

덧가지

주아(신초눈)

<그림 7-5> 1년생 묘목상의 주아 및 혼합아의 위치

의 바로 위에 위치한 덧가지를 제거한 후 1cm 위쪽에 폭 1mm, 길이 1cm의 크
기로 상처를 내주면 눈이 쉽게 발아되어 튼튼한 가지가 나온다〈그림 7-6, 7-
7, 7-8 참조〉.

<그림 7-6> 원줄기의 덧가지를 자르고 눈   <그림 7-7> 덧가지 절단 및 아상(芽傷) 처
     의 상부에 상처를 낸다.   리에 의한 신초 발생

<그림 7-8> 발생된 신초가 주위의 덧가지 보다 더 튼튼하게 생장한다.

3. 주지의 구성

1) 주지수

주지수가 많을수록 많은 과실을 수확할 수 있을 것으로 생각하기 쉬우나 주지수가 너무 많으면 지엽(枝葉)에 가려진 아래쪽의 가지나 일광의 투사가 부족한 수관 내부에는 잎줄기의 발생량과 꽃눈의 분화가 적어지며 과실이 작고 낙과도 심해진다. 또한 가지가 햇볕을 찾아 밖으로만 뻗으므로 결국 결실은 수관의 외부에만 치우치게 되어 수량이 떨어진다.

주지수가 많으면 나무의 수고가 높아져 관리가 불편하며, 윗가지는 하늘로 치솟게 된다. 그러므로 나무가 어렸을 때에는 나무의 자연성(自然性)을 고려하여 가지를 다소 많게 배치하되 나무가 자람에 따라 점차 주지수를 줄여가다가 성목이 되면 5~6개의 영구주지를 남기도록 한다. 대략 주간연장을 억제하기 전까지는 7~9개의 주지를 두고 거리와 방향 및 나무의 세력 등을 고려하여 영구주지를 살리면서 나머지 주지들은 임시로 결실에 이용하다가 점차 주지수를 5~6개로 줄여가야 한다.

2) 주지의 간격과 나무의 높이

제1주지를 어느 높이에 두며 각 주지의 간격을 어느 정도로 잡느냐는 비료를 주거나 약을 뿌리거나 하는 과수원 관리와 밀접한 관계가 있다.

제1주지를 낮게 붙이면 결실에는 좋으나 가지가 너무 늘어져서 지장이 생긴다. 대체로 지상부에서 60~70cm 정도가 알맞다.

영구주지가 5개라면 제1주지에서 제2주지까지 50~60cm, 제2주지에서 제3주지까지는 40~50cm, 제3주지에서 제4주지까지, 그리고 제4주지에서 제5주지까지는 30~40cm 간격을 유지하는 것이 좋다. 영구주지 사이에 임시주지를 적당히 배치하면 주지사이의 공간을 효과적으로 이용할 수 있을 뿐만 아니라 가지에 일소의 피해를 막는 등 효율적인 수관관리가 가능하다. 대추나무가 완전 성목기에 달했을 때의 높이는 5m 정도가 적당하고, 6m 이상되면 가종 관리가 어렵다.

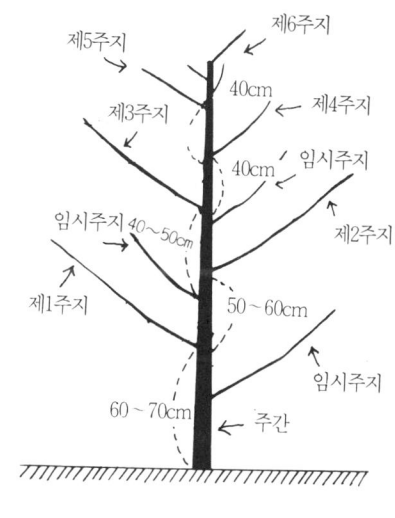

<그림 7-9> 대추나무 주지의 구성

3) 부주지의 구성

부주지는 주지와 주지 사이의 공간을 채울 대추나무의 중요한 골격이다.

영구히 두어야 할 제1부주지의 위치는 주지가 붙은 기부에서 90~120cm 정도가 적당하고 제2부주지와의 사이는 80~100cm, 제3부주지와의 사이는 70~90cm를 띄워야 한다.

각 주지상의 부주지 착생 순서는 상하 주지상의 부주지 방향과는 어긋나게 배치하여야 한다. 부주지의 생장각도는 너무 직립해도 안되고, 너무 늘어져도 나쁘므로 45°가 알맞다.

4. 수령별 정지 · 전정

대추나무의 표준 수형은 나무의 생장습성이나 다수확 및 작업의 편리 등을 고려할 때 변칙주간형(變則主幹形)이 가장 바람직하다. 변칙주간형의 수형이 완성되는 기간은 품종, 토양의 비옥도, 시비량 및 수량 등에 따라 달라지며 대부분 10여년 정도 걸려야 한다. 대추나무는 강전정을 하지 말고, 나무가 어릴 때부터 여러 개의 가지를 배치시켜 임시주지로 활용하는 한편, 충분한 엽면적을 확보함으로써 나무가 잘 자라도록 힘써야 한다.

1) 유목기의 정지 · 전정(1~6년생까지)

유목기에는 대추나무를 키워야 할 때이므로 가급적 약전정(弱剪定)을 하여야 한다. 분지각도가 넓은 주지 후보지를 많이 양성하고 수관을 조기에 확대시키며, 왕성한 수세를 유지시키기 위하여 주간형(主幹形)으로 키워 나아감으로써 약전정을 하여야 한다.

(1) 정식 1년째 (묘목을 심은 해)

묘목을 심고 나면 3월 하순에 그 길이의 1/3을 절단하여 70~90cm가 되게한다. 주지 혹은 임시 주지가 발생되어야 할 부위의 덧가지를 기부에서 제거하고 눈 위에 상처처리를 한다. 묘목이 너무 가늘고 빈약한 것은 30cm만 남기고 잘라주어 1년을 다시 키운다.

(2) 정식 2년째

주간연장지(主幹延長枝)는 50~60cm로 절단한다. 새 가지가 10cm정도 자랐을 때 신초끝의 새 가지를 포함하여 연장지의 끝을 5~10cm 지연절단(遲延切斷) 시켜 각도가 넓은 새 가지가 아랫부분에서 나오게 한다.

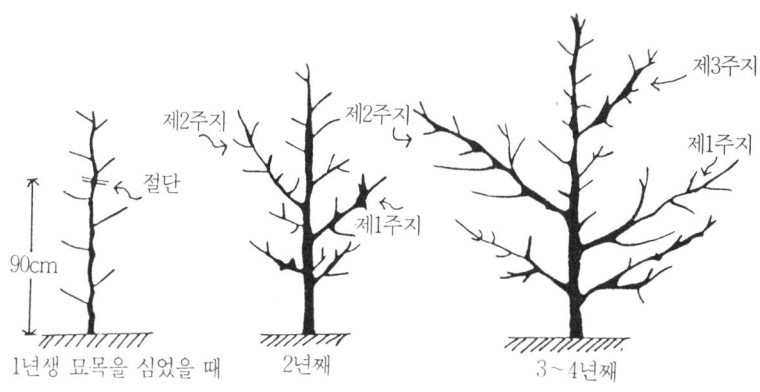

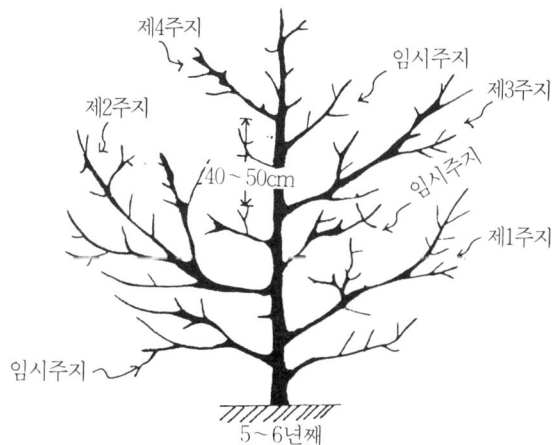

<그림 7-10> 대추나무 정식 1년째부터 6년째까지의 변칙주간형 수형 구성과정

주간연장지 바로 밑에서 나온 가지 1~2개는 분지각도가 좁고 세력도 강해서 연장지와 경쟁하여 수형을 해치기 쉬우므로 그럴 때에는 그 가지의 기부를 솎아버린다. 주간연장지 밑에서 나온 가지 중에서 각도가 45~60도 정도 되고, 세력이 비교적 좋은 것 2~3개를 골라 후보지로 삼고 그 끝을 1/3쯤 절단하여 주지연장지보다 낮은 위치에 있도록 한다. 그 밖의 가지는 특별히 직립된 세력지가 있으면 제거하고 나머지는 그대로 둔다.

(3) 정식 3~4년째

지난해와 동일한 요령으로 주간연장지를 50~60cm에서 잘라 주었다가 5월 하순~6월 상순에 지연절단을 하여 분지각도가 넓은 주지후보지를 발생시킨다.

주지후보지는 간격이 너무 좁아서 서로 생장하는데 방해가 되지 않는 한 가급적 많이 양성하는 것이 좋다. 주지후보지는 끝을 절단하여 주간연장지보다 낮은 위치에 놓이게 한다. 지난해에 양성해 놓은 주지후보지의 연장지도 그 끝을 약간 절단하여 주고 그밖의 가지는 그대로 둔다.

(4) 정식 5~6년째

이 시기가 되면 주지후보지가 10여개쯤 양성되고 나무도 상당히 커져서 나무 전체를 놓고 볼 때 균형을 잡을 수 있는 영구주지의 위치를 대략 정할 수 있게 된다. 지면에서 60~70cm 높이에 발생한 가지 가운데 분지각도가 넓으며 가급적 남향한 후보지를 제1주지로 정한다.

제1주지로부터 평면각도가 120° 쯤 되고, 간격이 50~60cm 위에 붙은 후보지를 제2주지로, 제2주지로부터 평면각도 120°에서 50~60cm 상부의 가지를 제3주지로 같은 방법으로 제4주지 및 제5주지를 선정한다. 이렇게 선정된 주지는 그 끝을 약간 절단하고 그밖의 주지후보지는 새로 결정한 주지가 자랄 때 방해가 되는 것, 또는 나무 전체의 균형을 깨뜨릴 정도로 직립 또는 강세한 것은 제거시키거나 약화시키며 나머지는 그대로 둔다.

2) 성목기의 정지 · 전정(정식 7년 이후)

이 시기에는 영구주지가 눈에 띄도록 양성하고, 그 밖의 후보지는 점차 솎아내어 그 수를 절반 정도로 줄이며, 주간은 발육을 억제시키다가 최상단의 주지 위에서 제거함으로써 수형을 주간형에서 변칙주간형으로 바꾸어야 한다.

영구주지는 계속 튼튼하게 자라도록 하되 지나치게 직립하거나 강세하지

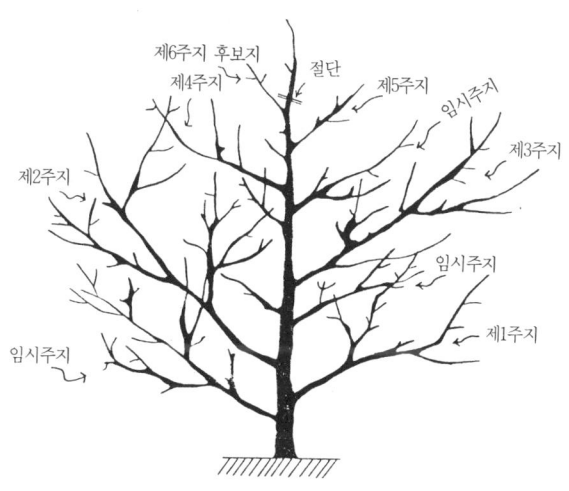

<그림 7-11> 대추나무 정식 7~10년째의 변칙주간형 수형구성

않도록 해야한다.

주지가 결정된 후 바로 제심(除心)을 하면 주지가 다시 직립하게 되며, 또 너무 늦게까지 그대로 두면 수관내부에 광투사가 나빠지게 된다. 그러므로 최상단주지(最上段主枝)가 결정된 후에도 주간연장지를 그대로 키우되 거기에서 발생되는 측지들을 많이 제거하여 가지상의 엽면적으로 줄여줌으로써 주간연장지(心)의 발육이 약화되도록 만든다.

주지를 계속해서 튼튼하게 키워나가면 10여년쯤 되어 선단부의 주지가 개장(開張)되고 각도도 고정되어 직립하지 않게 되며 주간연장지의 굵기보다도 주지가 더 굵어지게 된다. 이때 최상단주지의 바로 위에서 주간연장지를 제거해버리고 발코트를 발라 속히 아물도록 해야 한다.

◇참고문헌

1. Cain, J. C. 1969. Tree spacing and orchard efficiency. Cornell Res. Cir. 15 : 10.

2. Childers, N. F. 1973. Modern fruit science. Horticulture Publications Rutger Univ.

3. 金正浩 外 21人. 1986. 三訂 果樹園藝總論. 鄕文社.

4. 大野俟雄・大恒智昭. 1966. 果樹の新し 整枝と剪定. 家の光協會.

5. Teskey, B. J. E. and Shoemaker, J. S. 1972. Tree fruit production.

6. Westwood, M. N. 1978. Temperate zone pomology. Freeman.

제8장 결실관리

대추재배의 목표는 해마다 품질 좋은 과실을 많이 생산하는데 있다. 그러므로 묘목을 심어 튼튼히 기르며 빨리 결실기에 들어가도록 할 것이며 성과기에 들어간 나무는 생장과 결실의 두 작용이 알맞게 조정되어 오래도록 생산력을 유지시켜야 할 필요가 있다.

이러한 목표를 달성하기 위해서는 시비, 전정, 병해충 방제 등이 효율적으로 이루어져야 하겠지만 대추나무의 생장과 결실작용에 관해서도 정확한 지식을 가져야 한다.

1. 꽃눈 분화

대부분의 과수가 지난해에 이미 꽃눈 분화를 완료하고 당년에는 개화·결실이 되지만 대추는 이와는 달리 당년에 발생한 잎줄기(葉梢, branchlet)상의 잎겨드랑이(葉腋)에서 꽃눈 분화가 이루어진다. 즉, 〈표 8-1〉에서 보는 바와 같이 낮과 밤의 온도 교차 혹은 변온(變溫)에 의하여 꽃눈이 분화된다. 이러한 변온의 효과는 주간의 고온보다는 야간의 저온에 의하여 꽃눈 분화가 촉진되는 것으로 생각되어지고 있다. 그러므로 당년 여름 부정아에서 발생한 새 가지의 잎줄기상에 개화·결실이 가능하게 되는 것이다. 꽃눈 분화의 발생학적(發生學的) 과정은 다음과 같다.

1) 배낭의 분화

① 개화 20일전 : 시원세포(始原細胞)가 분화된다.

② 개화 15~16일전 : 배낭모세포(胚囊母細胞)로 분화된다.

③ 개화 13일전 : 배낭모세포는 감수분열(感數分裂)을 거쳐 2핵배낭기(2核胚囊期)가 된다.

④ 개화 6~7일전 : 4핵배낭기가 된다.

⑤ 개화 5일전 : 8핵배낭기를 거쳐 난장치(卵裝置)를 시작한다.

⑥ 개화 당일 : 완전한 난장치가 되어 수정준비가 완료된다.

<표 8-1> 주야간의 온도조건이 대추의 꽃눈 분화에 미치는 영향

온 도 주간·야간		공 시 주 수	꽃눈분화주수	꽃눈분화율(%)
변온	20℃ 15℃	30	29	96.7
	25℃ 20℃	30	18	60.0
	30℃ 25℃	30	11	36.7
항온	20℃ 20℃	30	0	0
	25℃ 25℃	30	0	0
	30℃ 30℃	30	0	0

※ 품종 : 금성

2) 화분(花粉)의 분화

① 개화 15~16일전 : 포원세포(胞原細胞)가 화분모세포(花粉母細胞)로 분화된다.

② 개화 12~13일전 : 감수분열기(n=12)를 거쳐 4분자기 (4分子期)가 된다.

③ 개화 9일전 : 4분자로부터 화분이 유리된다.

④ 개화 당일 : 완전한 화분의 분화가 완료된다.

대추와 산조(酸棗)의 화아분화상의 차이점을 보면 배낭은 대추가 더 크지만 화분의 충실도는 산조화분이 월등히 충실하다.

2. 꽃의 형태

대추는 암수 같은 꽃으로서 화방(花房)의 맨 끝에서부터 가장 먼저 개화되는 취산화서(聚霰花序)이고 1화방중에는 3~15개의 꽃이 배열되어 있다.

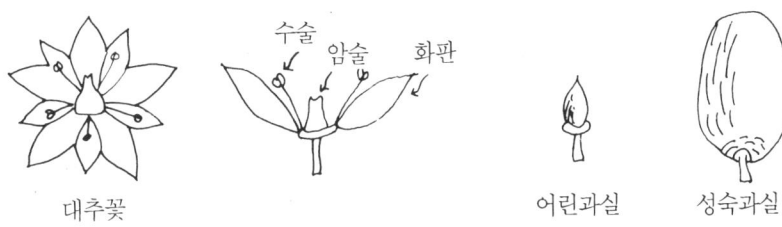

대추꽃   수술 암술 화판   어린과실   성숙과실

<그림 8-1> 대추의 꽃과 과실모양

<그림 8-2> 대추의 개화 모양

이 화방은 잎줄기가 신장함에 따라 엽액(葉腋)에 착생되어 가는데 3~5번째의 엽액에 착생되는 화방이 가장 충실하고 착과율도 높다.

대추꽃은 꽃잎(花瓣)과 꽃받침(萼片)이 암술과 수술을 보호하고 있다. 개화전의 꽃받침은 꽃부리(花冠)가 봉오리져 있는 형상을 하다가 개화시에 5개의 꽃받침으로 열개(烈開)되면서 암술과 수술이 나타난다.

꽃색은 황백색이다. 수술은 5개이고 꽃밥(葯)은 2개의 꽃받침조각(葯片)으로 되어 있으며, 화사(花絲)의 길이는 2~3mm이다.

암술은 암술머리(柱頭)가 2갈래로 갈라진 단자예(單雌蕊)로 되어 있다.

3. 개화시각

대추는 개화시각에 따라 오전 개화군과 오후 개화군 등 2집단으로 명확하게 구분되는데 이러한 개화상의 두 집단이 어떤 원인에 의하여 좌우되는지는 아직까지 밝혀진 바 없다.

〈표 8-2〉에서 보는 바와 같이 우리나라에서 재배되고 있는 대추 5품종의 개화시각에 있어서 낮과 밤의 정상적인 광주기(光周期) 하에서 무등, 금성, 월출 품종은 오후 1시부터 5시 사이에 집중적으로 개화되었으나 Je-8나 Jg-10품종은 오전 9시 이전에 완전히 개화함으로써 오전 개화성 품종군과 오후 개화성 품종군으로 뚜렷이 구분된다.

광주기를 인공적으로 조절할 수 있도록 장치된 암실내에 대추나무를 반입한 후 밤에는 밝게, 낮에는 암흑상태로 광주기를 바꾸어줄 경우 오후 개화성 품종군(무등, 금성, 월출)은 오전 개화 쪽으로 개화시각이 전환되었고 오전 개화성 품종군(Je-8, Jg-10)은 오후 개화 쪽으로 개화시각이 전환됨으로써 대추의 개화시각이 광주기에 의하여 지배되는 것으로 판명되었다. 따라서 오후 개화성 품종은 개화 직전에 일정시간의 광조건이 요구되지만 오전 개화성 품종은 개화 직전 일정시간의 암조건이 요구되지 않았다.

<표 8-2> 주야간의 광변화가 대추의 개화시각에 미치는 영향 (김 등, 1985)

품종·광주기	조사시간별 10잎줄기당 개화수									계
	07:00	09:00	11:00	13:00	15:00	17:00	19:00	21:00	24:00	
무등 낮 밤				17	45	6				68
	3	26	29	10	6	1				65
금성				8	64	4				76
		32	22	15	5	1	2			77
월출				21	64	2				87
		32	21	11	3					76
Je-8		57								57
		20		2	18	4				44
Jg-10		53								53
		22	4	4		13				43

☐ : 점등,   ▨ : 암흑

<그림 8-3> 대추의 개화 모양(오전 9시촬영)

A·B : 무등·금성(오후 개화성 품종)

C·D : Je-8, Jg-10(오전 개화성 품종)

E   : 좌로부터 무등·금성·Je-8

4. 개화기간

대추는 6월 상중순부터 꽃이 피기 시작하면 7월 하순까지 계속 피고, 발육이 늦은 새 가지 상의 잎줄기에서는 8월 하순까지도 개화가 계속되지만 정상적인 결실을 하는 꽃은 7월 하순까지 피는 꽃이므로 유효 개화기간은 약 50여일에 달한다.

대추의 개화기간이 이와 같이 장기간인 것은 〈그림 8-4〉에서 보는 바와 같이 1화방내의 모든 꽃눈이 개화하는데는 약 15일이 소요되고, 1잎줄기의 모든 화방이 출현하려면 약 1개월이 걸리므로 결국 대추의 개화기간은 평균 50여일이 필요하게 된다.

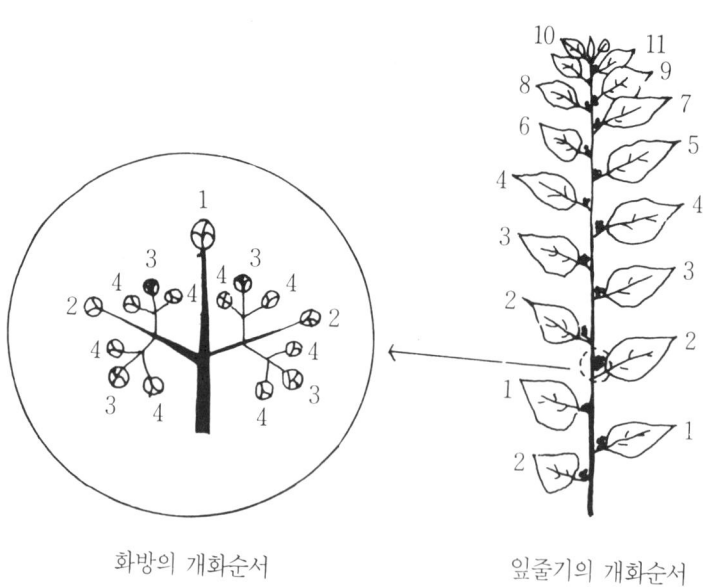

화방의 개화순서   잎줄기의 개화순서

〈그림 8-4〉 대추의 잎줄기와 화방의 개화순서 (품종 : 무등대추)

<그림 8-5> 잎줄기의 개화 모양

<그림 8-6> 대추 꽃봉오리의 개화순서

5. 수분(授粉) 및 수정(受精)

1) 수분·수정의 과정

① 개화 직전 : 배낭은 완성되지만 상하의 극핵(極核)은 융합되지 않고 있으며 난핵(卵核), 극핵, 조세포(助細胞) 및 반족세포(反足細胞)가 계속 발육한다.

② 수분후 18시간 : 암술머리상에서 꽃가루가 발아한다.

③ 수분후 24시간 : 화분관(花粉管)이 암술대로 신장해 들어간다.

④ 수분후 3일 : 화분관이 씨방에 도달한다.

⑤ 수분후 5일 : 화분관이 씨방 내부로 들어간다.

⑥ 수분후 8일 : 배유핵(胚乳核)과 정세포(精細胞)가 수정된다.

⑦ 수분후 10일 : 난세포와 정핵(精核)이 수정된다.

⑧ 수분후 15일 : 수정난핵이 1차 분열한다.

⑨ 수분후 18일 : 수정난핵이 2차 분열한다. 이 시기에는 씨방의 상태가 3가지로 구별된다.

　첫째는 난세포와 극핵에서 중복수정(重複受精)이 정상적으로 되어 과실로 발육 가능한 것이고, 둘째로 난세포가 수정이 안된채 극핵에만 수정이 되어 과실은 비대되지만 종자가 없게 되는 경우이며, 셋째는 전혀 수정이 안되어 착과되지 못하거나 단위결실(單爲結實)만 되는 경우 등이다.

⑩ 수분후 20일 : 씨방내에서 원배(原胚)가 형성되어 수정이 완료된다.

2) 암술과 화분의 수분능력

　대추 암술의 수분능력은 개화당일에 국한되며 개화후 이튿날에는 전혀 수분되지 않는다. 수분후에는 암술머리의 광택이 없어지며 갈변하기 시작하다가 이윽고 위조된다. 개화 직후부터 씨방의 꿀샘에서 꿀이 분비되는데 개화당일에는 오렌지색의 향기가 짙은 꿀이 분비되고, 2일째에는 유백색의 꿀이 분비된 후 꿀샘의 기능이 퇴화된다. 그러므로 대추 암술머리의 수분능력은 개화직후 가 가장 높고 그후 시간이 지날수록 수분능력이 감퇴되므로 아침에 개화된 품종의 꽃이 오후에 개화된 화분에 의하여 수분되기에는 그만큼 불리하게 된다.

대추의 꽃밥(葯)은 개화후 1시간 이내에 열개됨으로서 방화곤충(訪花昆蟲)에 의하여 수분이 가능하다. 꽃밥에 화분이 머물러 있는 시간은 개화당일 의 기온과 습도 및 풍속 등의 조건에 따라 차이가 있으나 대략 2~4시간 정 도로서 오전 개화성 품종의 화분이 오후 개화성에 품종의 주두에 수분될 수 있는 확률은 시간적 차이로 보아 매우 낮다.

〈표 8-3〉은 대추화분의 발아특성을 나타낸 것으로서 발아온도는 25~30 ℃의 범위가 좋다. 개화후 12시간이 경과되면 화분의 발아율이 현저히 저하 되므로 수분능력이 급격히 떨어진다.

〈표 8-3〉 대추의 품종별 및 온도별 화분발아 효과

처 리		화분발아율 (%)
품 종	온 도 (℃)	
무 등	20	1.4
	25	5.0
	30	5.4
Jg - 10	20	1.5
	25	4.0
	30	4.5

※ 배양시간 : 24시간
　배지조건 : 설탕 10%, 한천 1%

3) 방화곤충(訪花昆蟲)

대추꽃이 피면 향기가 멀리 퍼져서 꿀벌, 집파리, 무당벌레, 나비류 및 개 미류까지도 몰려드는데, 실제로 대추의 수분에 의한 결실에 관여하는 것은 꿀벌이다. 꿀벌은 기온이 17℃ 이상되는 온화하고 바람이 없는 날에 활동이

<그림 8-7> 대추꽃의 방화곤충 꿀벌

왕성하여 4km를 왕복할 수 있으며 벌 한 마리가 한 시간에 약 1,000여개의 꽃을 찾아다닐 수 있다고 한다. 그러나 기온이 낮고 비바람이 불면 벌의 활동은 거의 중지되며 대추꽃은 그 기간에 수정능력을 잃어 결실되지 못한다. 병해충 방제를 위하여 개화기간에 농약을 뿌리면 꿀벌이 죽거나 날아오지 않으므로 이 기간에는 농약을 살포하지 않아야 한다.

4) 자가수정과 타가수정

대추는 자가수정(自家受精)이 비교적 용이한 과수로서 미국에서 보고된 바에 의하면, 꿀벌을 이용한 타가수정(他家受精)에 의하여 개화량이 15% 정도가 착과되었고, 자가수정에 의하여 10%가 착과되었다고 한다. 그러나 인공수분에 의한 자가수분으로서는 대부분의 과실이 수확기 이전에 낙과되었다고 한다.

한편 꿀벌을 이용해서 자가수정은 되었더라도 자가수정된 대추는 타가수정된 것에 비하여 과실이 더 작고 조기에 낙과되는 경향이 많으며, 종자가 생기지 않거나 빈약한 종자가 생기기도 한다.

대추에 종자가 없는 것은 수분·수정의 과정을 거치지 않고 씨방조직이 스스로 비대되는 단위결과(單爲結果)와 수정과정에서 난세포와 정핵의 수정이 안된채 극핵과 정핵만이 수정되는 경우 등 두 가지가 있는데, 대추의 품종에 따라서 두 가지중의 어느 한 요인에 의하여 단위결과가 일어난다고 한다.

6. 결실

1) 결실에 관여하는 요인

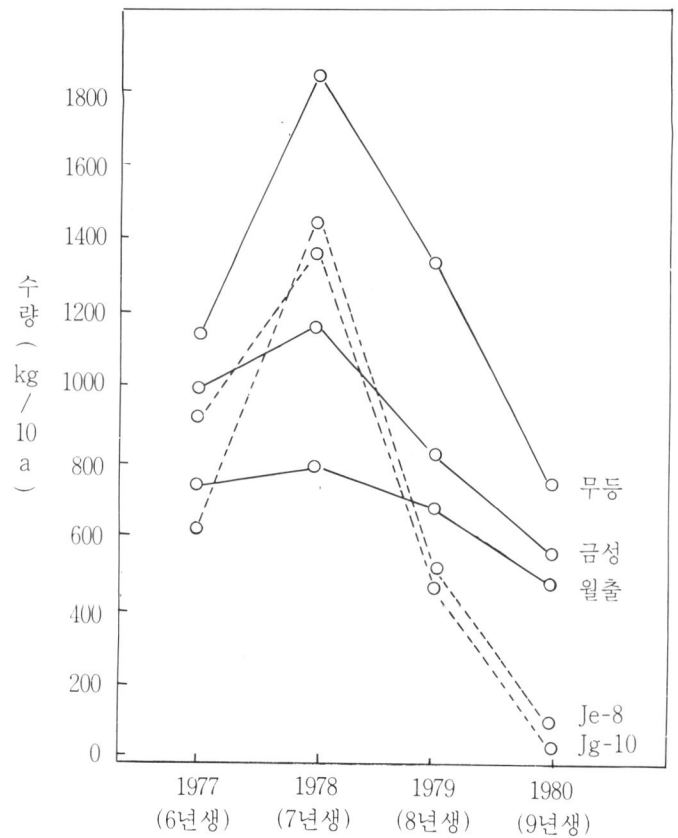

<그림 8-8> 대추 주요품종별 년도별, 수량변화

대추는 개화량이 매우 많은 과수로서 전체 개화량의 5% 정도만 착과되면 풍작으로 볼 수 있다.

그러나 〈그림 8-8〉에서 보는 바와 같이 대추나무의 수령(樹齡)은 점차 성목(成木)으로 되어가는데 결실량은 7년생인 1978년을 정점(頂点)으로 해서 1980년에 이르기까지 급격히 떨어지고 있다.

이와 같이 연차간의 수량에 차이가 생기는 원인은 〈표 8-4〉에 나타낸 바와 같이 개화기간 동안의 강우량, 강우일수, 기온 및 일조시수 등의 복합요인 때문이라고 볼 수 있다.

〈표 8-4〉 연도별 기상 상태

연 도	강 우		평균기온(℃)	일조시수(시간)
	강우량(mm)	강우일수(일)		
1977	28	8	24	119
1978	69	6	26	152
1979	119	10	23	85
1980	211	10	21	68

즉, 4년 동안 수량이 가장 많았던 1978년은 강우량이 적당하였고, 강우일수는 적었으며, 기온이 높을 뿐만 아니라 일조시수도 가장 길어서 대추의 수분·수정이 매우 원활했던 것으로 여겨진다.

만약 개화기간중에 비가 오면 암술머리에서 발아하려던 꽃가루가 비에 씻겨 내려가거나, 기온의 저하로 화분발아가 부진해지고 일조시수가 짧을수록 잎에서 생산한 광합성 물질이 적어져서 대추의 착과를 어렵게 하는 결정적인 요인으로 작용하게 된다.

2) 결실력 증진방법

대추재배의 성패를 결정짓는 가장 중요한 요인이 바로 결실력이다. 이러

<표 8-5> 설탕액, 요소액 및 환상박피 처리가 대추 착과에 미치는 영향

처 리	잎줄기수 (개/주)	착 화 수 (개/잎줄기)	착 과 수 (개/잎줄기)	착과율 (%)	과 중 (g)	당 도 (°Bx)	총착과수 (개/주)	수 량 (kg/주)
설탕액살포 0.1M	1197.7	45.4	0.59	1.30	9.70	28.3	715.3	6.95
요소액살포 0.1M	1261.3	43.6	0.64	1.47	9.06	28.9	765.7	6.87
환상박피(주간)	743.0	32.6	모두낙과	—	—	—	—	—
환상박피(주지)	1289.0	45.3	0.99	2.20	8.23	29.8	1258.7	10.32
무 처 리	1235.0	43.1	0.64	1.49	10.17	30.0	783.0	7.94

※ 공시품종 : Je-8

한 결실력에 가장 큰 영향을 주는 것은 개화기간중의 기상상태이지만 노지에서는 인간의 힘으로 기상조건을 조절할 수가 없으므로 소극적인 방법이기는 하지만 개화기간중 불량한 기상조건하에서도 비교적 결실력이 높은 오후 개화성 품종을 심거나 〈표 8-5〉에서와 같이 대추나무 가지에 환상박피를 하여 결실력을 향상시킬 필요가 있다.

<그림 8-9> 대추나무의 환상박피효과

<표 8-6> 환상박피 처리가 대추화기(花器)의 발육에 미치는 영향　　　　(김, 1987)

처 리	화 방 수 (개/잎줄기)	개 화 수 (개/잎줄기)	화 뢰 수 (개/잎줄기)	꽃무게 (mg/꽃)	화뢰무게 (mg/화뢰)	착 과 수 (과/잎줄기)
환 상 박 피	8.75	28.8	78.3	14.7	6.8	12.6
무 처 리	9.25	18.3	67.5	7.3	3.6	3.1

※ 품종 : 금성　　　　　박피시기 : 6월 20일 (개화직전, 수원)

<그림 8-10> 주간부의 환상박피된 나무가 고사하는 모양

환상박피를 실시하는 시기는 개화직전인 6월 상순 경이 적당하고 박피폭
은 가지굵기에 따라 다르지만 직경 3㎝ 굵기의 가지인 경우 보통 2~3㎜정

도 박피하면 적당하다.

환상박피가 대추의 착과를 잘되게 하는 원인은 〈표 8-6〉에서 보는 바와 같이 개화수가 많아지고, 화기(花器)의 발육이 양호하여 수분능력이 크게 향상되기 때문으로 보여진다.

그러나 환상박피를 실시하더라도 주간부위에 박피해서는 안된다.

주간부위에 환상박피를 하게 되면 지상부에서 합성한 동화물질이 뿌리로 내려가지 못하므로 뿌리는 일시적으로 탄수화물의 결핍증상이 초래되어 뿌리의 기능이 저하되고 심할 경우에는 〈그림 8-10〉에서 보는 바와 같이 나무 전체가 고사하고 만다.

가지 상에 환상박피를 실시할 경우에도 일시에 모든 가지를 박피해서는 안되며 한 해에 나무 전체 가지수의 1/3~2/3 정도로 박피하는 것이 바람직하다.

이와 같은 환상박피법은 대추의 착과를 촉진시키는 가장 적극적인 방법이지만 가지마다 박피를 해야 하는 번거로움과 환상박피의 효과가 1~2년 정도에 불과하므로 거의 매년 실시해야 하는 문제점들이 있다.

따라서 대추의 착과증진은 풍산성 품종을 재식하거나 재배방법에 있어서 질소질비료의 과다시용을 피하고, 재식거리를 충분히 둠으로써 나무전체에 햇볕이 잘 쬐게 하는 등 근본적인 면에서 높은 결실력을 유지할 수 있도록 해야 한다.

◇참고문헌◇

1. Ackerman, L. W. 1961. Flowering, pollination, selfsterility and seed development of Chinese jujube. Proc. Amer. Soc. Hort. Sci. 77 : 265-269.

2. Dhillon, B. S., and Singh. K. 1968. Effect of some plant regulators on fruit set and fruit drop in *Zizyphus jujuba* Dinn. J. Res., Dudhiana, 5 : 392-394.

3. Khalaf S. A. D. and Sajida H. A. 1969. The effect of different date pollen on the maturation and quality of 'Zehdi' date fruit. J. Amer. Soc. Hort. Sci. 94(6) : 638-639.

4. 金容碩・金月洙. 1984. 대추開花의 生理的 特性에 關한 研究. 韓國園藝學會誌. 25(1) : 28-36.

5. 李萬相・李重浩・趙忠雄. 1978. 대추의 受靜現象에 關한 研究. 圓光大論文集 12 : 71 - 76.

6. 李萬相・宋南顯・李重浩. 1975. 韓國産 대추나무의 形態學的 및 發生學的 研究. 圓光大論文集 1 : 125-134.

7. Pramanik, D. K. and Bose, T. K. 1974. Studies on the effects of growth substances on fruit set and fruit drop in some minor fruits. South Indian Horticulture 22(s/4) : 117-123.

8. Rajput, C. B. S, and Singh, J. 1976. Effects of urea sprays on the growth and fruiting of ber. J. Hort. Sci. 51 : 173-176.

9. Rajput, C. B. S. Singh, J. 1977. Effects of urea sprays on the chemical composition of ber fruits. J. Hort. Sci 52(2) : 371-372.

10. Randhawa, G. S. and 'Biswas, G. S. 1966. Studies on morphology and chemical composition of some jujube varieties. Indian J. Hort. 23 : 101-107.

11. Wang, H. L. 1974. A Preliminary study of the developmental anatomy of Chinese jujube fruit. Acta Botanica Sinica. 16(2) : 161-169.

제9장 토양개선과 보존

1. 배수

뿌리는 토양 속에서 끊임없이 산소의 공급을 받아야만 호흡과 생장을 할 수 있으며 토양의 배수가 잘 안되어 공기의 유통이 좋지 못하면 산소의 결핍에 의해 뿌리기능이 저하될 뿐만 아니라 여러 가지 해로운 환원물질(還元物質)이 생성되어 대추나무의 발육에 좋지 못한 영향을 끼친다.

점질토양(粘質土壤)과 지하수위가 높은 토양에서는 배수로를 설치함으로써 수세를 안정시켜 수량을 증가시키고, 또한 과실의 품질을 향상시킬수 있다. 배수로의 설치방법은 작업의 편의를 감안해서 명거배수로(明渠排水路)와 암거배수로(暗渠排水路)를 적절히 혼용하는 것이 바람직하다. 토관(土管)또는 구멍 뚫린 PVC관을 사용하여 암거배수로를 만들 때에는 토관의 연결부나 PVC관의 구멍으로 흙이 들어가서 막히지 않도록 굵은 자갈과 모래를 함께 매립해야 한다.

2. 심경(深耕)

심경작업에는 많은 비용이 소요되므로 그 실시에 있어서는 우선 심경에 의한 경제적인 효과가 얼마나 될 것인가를 다음과 같이 검토한 후 실시 여부를 결정한다.

① 토심이 깊어서 심경을 하지 않아도 대추나무가 잘 자라는 곳에서는 심경할 필요가 없다.

② 표토가 20㎝ 미만으로서 하층토가 단단하여 그대로는 대추나무의 발육이 극히 불량할 것으로 판단되는 토양에서는 처음부터 나무를 심지 않는 것이 좋다.

③ 표토가 20㎝ 이상 되나 하층토가 단단하여 뿌리가 깊게 뻗지 못하고 나무의 발육이 좋지 않거나 대추의 수량이 많지 않을 경우에는 심경을 실시하는 것이 유리하다.

심경은 토양을 트랙터로 깊이 갈거나, 굴삭기 또는 트랜처로 파내었다가 퇴비와 섞어서 매립하는 것을 말하며, 하층토의 통기성(通氣性)과 투수성(透水性)이 불량한 토양에서는 심경효과가 매우 크다.

심경효과는 토양의 물리성을 좋게 하여 뿌리분포가 확대되고 흡수능력이 향상됨으로써 내한성(耐寒性)과 내건성(耐乾性)이 증가하고, 수세가 강건해져 수관확대가 빠르며 수량이 현저히 증대된다. 점질에 가까운 토양일수록 심경효과의 지속기간이 짧으므로 심경부위에 유기물과 석회를 투입해서 효과가 오래 지속되도록 한다. 심경할 때 인산을 시용해 두는 것도 인산의 비효를 높이는데 효과적이다. 심경의 깊이는 50~100㎝ 정도가 적당하며, 단근에 의한 뿌리의 피해가 적은 휴면기에 실시하는 것이 좋다. 심경은 일시에 전면적을 실시할 수가 없으므로 연차적으로 30~40㎝씩 심경하다가 인접된 심경구와 서로 마주치게 되면, 과수원 전체의 심경이 완료되는 것이다.

3. 관수

대추나무는 다른 과수에 비하여 가뭄에 견디는 힘이 강해서 관수하지 않아도 되나 보수력이 적은 모래땅 또는 뿌리분포가 얕은 토양에서 건조의 피해를 입는 일이 있으므로 한발시의 관수는 그 효과가 크다. 그러나 관수를 실시하는 데는 많은 비용이 소요되고 수원(水源)이 있어야 하므로 토양의 보수력을 증대시키거나 뿌리의 분포를 확대시키는 등 가급적 관수를 하지 않고서는 재배가 가능한 토양조건을 만들도록 하는 것이 중요하지만 가뭄이 심할 때에는 관수를 해야 한다.

1) 관수시기

토양건조가 심해지면 잎이 시들기 전에 동화작용이 감퇴되고 과실의 발육이 정지되며 이윽고 잎이 시들고 황변하여 낙엽되다가 더욱 심해지면 대추가 낙과된다.

그러므로 잎이 시들기 전에 뿌리분포가 많은 토층이 지나치게 건조한 상태라고 판단되면 속히 관수하는 것이 좋다.

2) 관수량

관수량은 토양의 종류와 관수 전의 토양습도에 따라서 달리하는 것이 합리적이다. 관수 후의 이상적인 토양습도는 대체로 용수량(容水量)의 60~80% 정도이다.

3) 관수방법

물이 풍부한 곳에서는 어느 방법으로 관수해도 큰 문제가 되지 않으나 물이 귀한 곳에서는 적은 관수량으로 높은 관수효과를 얻을 수 있는 관수 방법을 택하여야 한다. 적은 양의 물로 뿌리가 많이 분포되어 있는 깊이까지 물이 스며들어갈 수 있도록 하려면 흡수근(吸水根)의 분포가 많은 수관하부에 점적 관수를 해주는 것이 좋다. 특히 경사지 과수원에서 늦가을 또는 이른 봄에 흡수근의 분포가 많은 부위에 지름 50㎝, 깊이 30㎝ 정도의 구덩이를 파고, 짚 또는 거친 유기물을 넣고 흙을 덮어두었다가 가뭄이 올 때에 이곳에 집중적으로 관수한다(그림 9-1 참조).

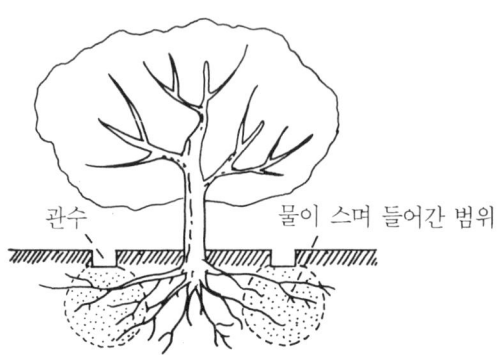

관수   물이 스며 들어간 범위

<그림 9-1> 관수량이 적을 때의 관수요령

4. 토양표면 관리

토양관리 방법에는 토양표면을 연중 깨끗이 풀을 매어주는 청경법(淸耕法), 건초나 짚으로 덮어주는 부초법(敷草法) 및 풀을 키우는 초생법(草生法)이 있다.

1) 청경법

청경법은 연중 풀을 매거나 제초제를 사용하여 토양표면에 풀이 자라지 못하도록 관리하는 방법으로서 양분·수분의 경합이 없고 병해충의 잠복처가 되지 않는 것이 장점이지만 비용이 많이 들고 경사지에서는 토양침식이 심하며, 토양 중에서 소모되는 유기물을 외부에서 보충해주지 않는 한 지력이 점차 떨어지는 것이 결점이다.

2) 부초법

부초법은 볏짚·보릿짚·잡초·왕겨 등으로 토양표면을 덮어주는 방법으로서 부초재료에 따라 짚부초, 잡초부초 등으로 구분된다.

초생부초(草生敷草)는 초생재배와 부초의 중간형태로서 초생재배를 실시하면서 풀을 자주 베어 나무 밑에 깔아주는 방법인데 수관하부는 제초제를 살포하여 잡초의 발생을 막고, 열간(列間)에만 풀을 자라게 하여 이것을 베어서 나무 밑에 깔아주는 등 여러 가지 방법이 있다.

3) 초생재배

초생재배는 다년생 목초(牧草)를 재배하거나, 잡초를 그대로 자라게 하는 방법이다. 이 방법은 많은 유기물이 생산되어 토양에 환원되고, 또 풀뿌리가 땅속

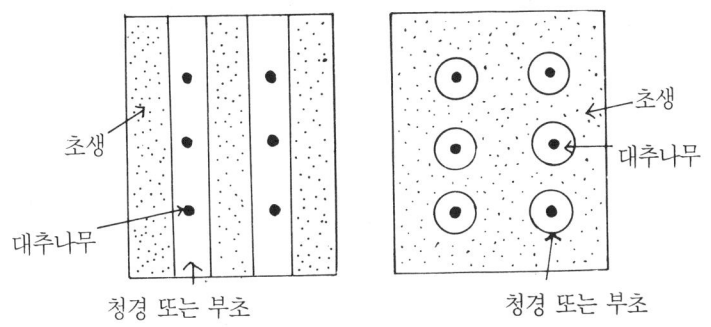

<그림 9-2> 대추 성목원의 부분초생법

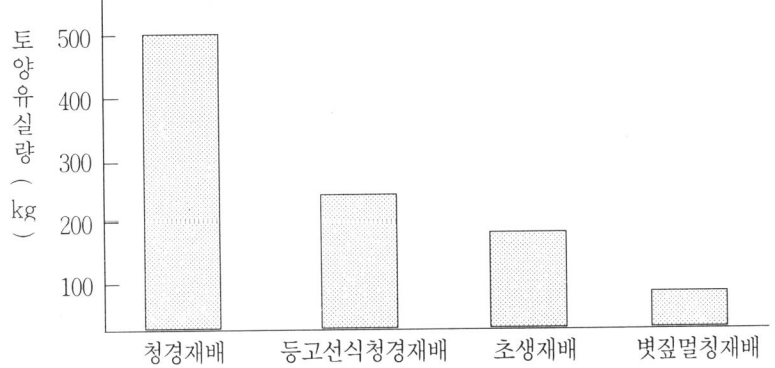

<그림 9-3> 초생재배 및 볏짚멀칭에 의한 경사지(경사각도 7°) 과수원의 토양침식 방지효과 (滋賀農試. 1950)

으로 자라 들어감으로써 토양의 이화학적(理化學的) 성질이 개선되고 토양침
식이 방지되며, 여름철 지온의 과도한 상승을 억제하고 제초노력이 절감된다.

　대추나무와 풀과의 양분·수분의 경합을 감소시키기 위해서는 가물 때에
풀을 자주 베어주거나 제초제를 살포해서 풀에 의한 수분증산을 줄여주며,
나무 밑은 청경 또는 부초로 관리하고, 열간에만 초생재배를 하되 수시로 베
어서 나무 밑에 깔아주는 방법이 합리적이다. 초생재배를 실시한 후 2~3년
간은 질소시용량을 20~30% 증시함으로써 대추나무와 풀 간의 질소경합을
줄일 수 있다〈그림 9-2 참조〉.

　풀의 종류는 화본과(禾本科)와 콩과식물의 혼파(混播)가 이상적이지만 가
물 때에 관수해 줄 수 없는 과원에서는 수분의 손실이 적은 화본과 초종을
택하고, 토양이 척박한 곳에서는 비료의 경합이 적은 콩과 초종을 파종하는
것이 좋다.

　대추나무를 경사지에서 재배할 때에는 이와 같은 초생재배를 함으로써 폭
우에 의한 토사(土沙)의 유출을 막을 수 있다〈그림 9-3 참조〉.

5. 제초

　청경재배를 하는 경우 풀을 크게 키우면 나무의 생육에 지장을 줄 뿐만
아니라 병해충의 잠복처가 되므로 잡초가 무성해지지 않도록 제초를 해야
한다. 과거에는 인력(人力)으로 제초를 하였지만 노동력이 너무 많이 소요되
므로 근래에는 주로 제초제를 사용하여 제초하고 있다.

1) 과수원 잡초

　과수원에서 발생하는 잡초는 밭에서 발생하는 것과 거의 같다. 우리 나라
의 밭토양에서 발생하는 잡초는 〈표 9-1〉에서 보는 바와 같이 화본과·방동

사니류·광엽잡초 등 종류가 많고, 생태형도 1년생·2년생·다년생 등으로 매우 다양하다.

과수원에서 발생하고 있는 주요 잡초의 생육상태를 보면 2년생 잡초와 다년생 잡초 및 1년생 잡초인 명아주와 여뀌는 3월 하순부터 번무하여 대추나무의 생육 초기에 양·수분경합을 하고, 6월 중순 이후에는 2년생 및 다년생 잡초의 생육이 점차 완만해지며, 장마기에는 1년생 화본과인 바랭이류와 피류 등이 많이 발생하여 피해를 끼치게 된다.

<표 9-1> 우리나라 발토양에서 발생하는 우생잡초

구 분	생 태 생	초 종 명
화 본 과	1 년 생	바랭이, 강아지풀, 왕바랭이, 메귀리
	2 년 생	독새풀
	다 년 생	띠
방동사니류	1 년 생	참방동사니, 방동사니, 바람하늘지기
	다 년 생	향부자
광 엽 잡 초	1 년 생	쇠비름, 닭의장풀, 개여뀌, 명아주, 망초, 비름
	2 년 생	깨풀, 냉이, 벼룩나물, 갈퀴덩굴, 별꽃, 광대나물, 여뀌
	다 년 생	쑥, 메꽃, 씀바귀, 참소리쟁이

생육초기에는 잡초의 생장이 매우 더디지만 초장(草長)이 20~30cm 전후에 이르면 급속히 생장하므로 경엽처리제초제(莖葉處理除草劑)는 이 시기보다 약간 빨리 처리해야 효과적이다.

2) 제초제의 종류 및 사용방법

(1) 경엽처리 제초제

① 그라목손

그라목손(paraquat)은 비선택성접촉형 제초제(非選擇性接觸型 除草劑)로서 잡초의 경엽(莖葉)에 처리하면 쉽게 흡수되어 세포의 원형질막(原形質

膜)과 엽록체의 막에 반응하여 세포를 파괴하고 수분대사(水分代謝)를 교란시키며, 광합성을 저해할 뿐만 아니라 엽록소를 파괴하므로 약제살포 후 햇볕에서 몇시간 내에 시들게 하여 고사시키는 제초제이다.

그라목손은 다년생 잡초보다는 1년생 잡초인 바랭이·냉이·둑새풀·망초 등에 사용하면 효과가 좋아 거의 완전에 가까운 제초효과를 나타낸다.

② 근사미

근사미(glyphosate)는 비선택성이행형(非選擇性移行型) 제초제로서 잡초의 잎·줄기에 처리하면 쉽게 흡수되고 식물체 전체로 이행되어 방향족아미노산 특히 페닐알라닌(phenylalanine)의 합성을 저해하여 식물체를 고사시키는 제초제이다.

그라목손은 햇볕에서 처리한 후 몇시간 만에 약효가 나타나지만 근사미는 약효가 서서히 나타나기 시작하여 1년생 잡초의 경우 약제 처리후 2~4일, 다년생 잡초의 경우 7~10일부터 약효증상을 보이고, 그 이후부터 제초효과가 지속적으로 증가된다. 그러므로 초종에 따라서는 살포후 30~40여일이 지나야 완전한 제초효과를 나타낸다.

이 약제는 잡초가 급성장하기 전인 20cm 크기일 때 살포하는 것이 가장 효과적이다.

③ 이사 - 디(2, 4-D)

이사 - 디(2, 4-dichlorophenoxy acetic acid)는 선택성(選擇性) 및 이행성 제초제(移行性除草劑)로서 원래에는 벼논제초제로 개발되었지만 최근에는 과수원제초제로 이용되고 있다.

따라서 쑥·여뀌·메꽃 등의 광엽잡초와 특히 쇠뜨기에는 저농도로 살포해도 제초효과가 높다. 그러나 바랭이·둑새풀 등과 같은 화본과 잡초에는 제초효과가 없으므로 이사 - 디를 그라목손 또는 근사미와 혼합하여 살포함으로써 효과적인 잡초방제를 할 수 있다.

10a당 살포농도는 근사미 200㎖에 이사 - 디 75~100㎖를 혼합하여 살포하거나, 그라목손 300㎖에 이사 - 디 75~100㎖를 혼합하여 살포하면 제초

효과가 좋다.

(2) 발아 전 토양처리제

우리나라 과수원에서의 발아 전 토양처리제로서는 라소(Lasso) · 고올 (Goal) 등이 있다. 그러나 과수원의 제초작업상 완전한 청경재배가 필요없고, 과수원에서 자라고 있는 풀의 종류가 1년생 · 2년생 · 다년생이 함께 혼재되어 있어서 발아 전 제초제의 처리만으로는 충분한 제초효과를 기대할 수 없다.

발아 전 토양처리제는 현재 생육하고 있는 풀의 종류를 조사하여 2년생 및 다년생 잡초를 그에 적합한 경엽처리제초제로 처리하거나 물리적인 방법 에 의하여 제거한 후 새로 발생하는 초종을 목표로 하여 합리적으로 처리해 야 한다.

예를 들면, 고올은 과수원에 풀이 전혀 없을 때 뿌려야 5~6개월 동안 잡 초가 나지 않는다. 그러므로 풀이 나기 전인 3월 하순에 뿌려주거나 6월 하 순 경에 뿌릴 때에는 그라목손이나 근사미를 1차로 뿌려서 풀이 죽은 다음 토양이 노출되면 라소 또는 고올 등을 뿌린다.

◇참고문헌◇

1. 赤沼慶久. 1971. 果樹園藝總論. 日本農業圖書株式會社.

2. 卞鐘英 · 李載昌. 1982. 除草劑를 利用한 果樹園의 雜草防除體系. 韓國雜 草學會誌 2(1) : 53-56.

3. Childers, N. F. 1983. Modern fruit science. Horticultural Pub.

4. 韓國果樹同友會報 1~35號.

5. 金吉雄 · 卞鐘英 · 具滋玉 · 申東賢. 1982. 果樹園의 主要雜草 및 Oxyfluorfen의 防除. 韓國雜草學會誌 2(1) : 57-62.

6. 金正浩 外 21人. 1986. 三訂 果樹園藝總論. 鄉文社.

7. 愼薺晟 · 愼鏞華. 1975. 신개간지에서 퇴비 · 부초 · 심경이 토양수 보존에 미치는 영향에 관한 연구. 農事試驗硏究報告 17(토양 · 비료 · 균이) :

45-52.

8. 任正男 . 吳才燮. 1975. 深耕에 依한 土壤物理性 改善이 사과나무의 生育
   및 收量 미치는 效果에 關하여. 農事試驗硏究報告 17(토양·비료·균
   이) : 53-60.

제10장 영양 및 거름주기

대추가 정상적으로 생장·결실하기 위해서는 질소·인산·칼리와 같은 비료의 3요소와 칼슘·마그네슘·유황·철분 등이 필수적으로 필요하고 붕소·망간·아연·구리 등도 요구량은 적지만 오랫동안 재배하면서 부족할 경우가 있다.

1. 영양성분의 기능

1) 질소

질소는 단백질을 구성하는 주성분 중의 하나로서 광합성(光合成)에 관여하는 엽록소(葉綠素)의 구성원소이다.

질소의 시용은 잎의 크기를 확대시켜주고 초기의 전엽수(展葉數)를 증가시켜 과실비대에 필요한 탄수화물을 충분히 공급함으로써 수량을 증가시킨다.

질소가 부족하면 나무의 생장이 부진하고 개화가 되더라도 결실율이 낮으며 과실발육이 불량하여 수량도 적고 품질도 떨어진다. 또한 질소가 부족하면 세포내용물의 농도가 낮아지므로 조직이 허약하게 되어 동해(凍害)를 입기 쉬우며 병에 대한 저항성이 약화된다.

그러나 질소를 과다시용하면 가지와 잎의 생장에만 대부분의 동화양분이 소비되어 나무가 번무되고 개화·결실이 불량해진다. 질소과다는 생리적 낙과(生理的 落果)를 유발시키는데 이것은 질소와 수분이 과다할 경우 많은 탄수화물이 단백질의 합성에 이용되어 가지와 잎의 생장이 왕성하게 되는 반면 대추과실에 공급될 탄수화물이 부족하게 되어 배(胚)의 발육이 저지되기 때문이다. 특히 이러한 현상은 금성대추에서 심한 경향이 있으므로 품종에 따라 질소시용량을 가감할 필요가 있다.

포장에서 식별할 수 있는 질소 결핍증상은 대추잎이 작고, 잎의 색이 담황색으로 되며 새 가지가 가늘게 자랄 뿐만 아니라 생육이 매우 불량해진다. 이 증상은 대개 나무 전체에 균일하게 나타나고, 기상조건이나 토양중 유효태 질소함량에 따라 생육기 중 언제라도 나타날 수 있다. 그러므로 질소의 결핍증상은 생육기 말가에 판정하는 것이 가장 좋다.

증상이 더욱 진전되면 새 가지 기부 잎의 가장자리가 괴사하고, 잎자루에 적자색 또는 갈색의 반점이 생기며 심하면 낙엽되기도 한다.

질소는 뿌리에서 흡수가 잘 되고, 나무 내에서 이동이 매우 원활하므로 부족증상이 나타나거나, 부족될 우려가 있을 때에는 질소질비료를 시용함으로써 쉽게 회복시킬 수 있다.

주변의 여건상 뿌리가 질소질비료를 제대로 흡수할 수 없거나 결핍증상이 심하게 진전되었을 때에는 토양시용과 더불어 요소를 엽면살포하는 것이 효과적이다. 요소의 엽면살포 농도는 0.4~0.5%가 적당하고 농약을 살포할 때 혼용하여 살포해도 무방하다.

2) 인산

인산은 꽃 시원체(花器 始原體)의 발육 초기나 개화기 및 수정기(受精期) 전후에 많이 흡수되고 새 가지와 잔뿌리 등에 많이 함유되어 있다.

이와 같이 인산은 가지와 잎의 생장을 충실하게 하고 탄수화물의 대사에 중요한 역할을 할 뿐만 아니라 단백질 합성에 필수적인 성분이기도 하다. 따라서 인산은 결실력을 높여서 수량을 증대시키고 과실의 단맛을 많게 하는 반면 신맛을 적게 하여 과실의 품질을 좋게 한다.

대추를 포함한 대부분의 과수원포장에서는 인산이 결핍된 것을 발견하기가 매우 어렵다. 인산이 부족하면 생육이 불량해지고 어린 잎이 비정상적으로 암록색을 띠며 줄기와 어린 잎의 기부에 자색을 나타내기도 한다. 잎은 광택이 없어지고 잎과 줄기와의 각도가 좁아진다.

증상이 진전됨에 따라 잎의 선단과 잎 주변에 엽소현상(葉燒現象)이 나타나고 심하면 낙엽된다. 결핍증상은 영양생장이 왕성한 시기에 나타나기 때문에 영양생장이 완료되는 늦여름에는 증상이 덜 뚜렷하다. 특히 대추는 개화량이 많고 결실량이 다른 과종에 비하여 많기 때문에 인산의 부족은 수량에 나쁜 영향을 주게 된다.

인산은 산성토양 조건에서 토양중에 있는 철·알루미늄 등과 결합하여 불용성이 되므로 석회질비료를 시용함으로써 토양을 중화시켜 비효를 높일 수 있다. 그러나 석회를 과다하게 시용하면 오히려 인산을 불용화시킬 염려가 있다.

한편, 퇴비나 인산을 혼합 시용함으로써 인산이 토양입자에 흡착되어 고정화되는 것을 방지하여 비효를 높일 수 있고, 멀칭도 토양구조를 개선시키고 지표의 수분함량을 증가시켜 인산의 이용성에 좋은 영향을 끼친다.

인산의 공급효과를 빨리 나타나게 하기 위해서는 제1인산칼륨(KH_2PO_4) 1% 용액을 생석회 0.5% 용액과 혼합하여 2~3회 정도 엽면살포해 준다.

3) 칼리

칼리는 대부분 이온상태로 식물체의 액포(液胞)중에 존재하면서 탄수화물 대사·호흡작용·광합성작용·단백질합성 및 엽록소생성 등에 관여하는 것으로 알려져 있다. 따라서 칼리는 광합성능력을 향상시켜주므로 일기가 불량할 때 칼리를 충분히 시용하면 전분의 생성이 많아지기 때문에 일조부족을 어느 정도 보충할 수 있다.

칼리는 생장이 왕성한 부분인 생장점 형성층 및 곁뿌리가 발생하는 조직, 과실 등에 많이 함유되어 있다. 또한 과실의 발육을 양호하게 할 뿐 아니라 과실의 당분을 많게 하며 성숙을 촉진시킨다.

결핍되면 잎자루가 구부러지고 잎이 말리며 늘어져 시들은 것처럼 보인다.

칼리과다에 의하여 가장 보편적으로 나타나는 증상은 마그네슘과 칼슘의 결핍증상으로서 이는 이들 성분의 길항작용(拮抗作用)에 기인된 것으로서, 토양 중 칼리가 너무 많으면 칼슘과 마그네슘의 흡수가 억제되기 때문이다.

칼리는 토양에서 대추나무가 흡수하기 쉬우므로 부족될 염려가 있으면 토양에 시용하면 된다. 사질토양에서는 보비력(保肥力)이 약하여 더욱 부족되기 쉬우므로 2~4회로 나누어 시용하는 것이 좋다. 엽면살포는 제1인산칼륨 1% 용액을 생석회 0.5% 용액과 혼합하여 살포한다.

4) 칼슘

칼슘은 현재까지 비료로서 역할보다는 토양중화제(土壤中和劑)로서의 역할에 더 큰 비중을 두어 왔다. 그 이유는 일반적으로 식물체가 필요로 하는 정도의 칼슘이 대부분의 토양 중에 함유되어 있기 때문이다.

칼슘은 대추나무에 충분히 흡수되었다고 하더라도 식물체 내에서의 이동성이 매우 적어 각 기관에의 분포가 균일하지 않다. 일반적으로 칼슘은 묵은 잎에 많이 축적되고 과실내의 집적은 매우 적으며 나무의 상단부로 갈수록 함량이 감소된다. 따라서 결실수(結實樹)에서의 석회질비료는 생육 초기에 토양시용을 해야 한다.

이 시기의 토양조건 및 기상조건은 과실의 칼슘함량에 중요한 영향을 끼치므로 충분한 관수 및 과도한 영양생장의 억제는 과실의 칼슘함량을 증대시켜 대추수확기의 과육연화현상과 같은 생리장해 발생을 감소시킬 수 있다.

5) 마그네슘

마그네슘은 엽록소의 구성성분으로서 전분과 당의 합성과정에 필수적인 성분이다. 마그네슘은 그 결핍증상이 심하게 나타날 경우 칼리의 결핍증상과 같이 잎주위가 타는 현상을 나타낼 수도 있지만 자세히 관찰하면 묵은잎의 선단부부터 퇴색되면서 잎의 기부 쪽으로 전형적인 엽맥간 황화현상(黃化現象)이 나타난다. 또 어떤 경우에는 잎 전체가 낙엽 전에 황화되는 수도 있으며 증상이 진전됨에 따라 점진적으로 어린 잎에도 나타나고 묵은 잎은 낙엽된다.

과실의 비대기에는 마그네슘의 요구량이 높아 우선 인접한 잎에서 과실로 마그네슘이 전이되므로 과다 결실된 나무와 가지가 가장 심하게 영향을 받는다. 증상이 심한 나무는 과실이 성숙하지 못하고 조기에 낙과되는 수도 있다.

대추나무가 이용하는 치환성(置換性) 마그네슘의 함량은 주로 토양이 산성화됨에 따라 용탈(溶脫)되어 감소되고, 또한 칼리질비료의 시용이 지나치게 많을 경우에는 길항작용에 의하여 마그네슘이 결핍된다.

따라서 마그네슘의 결핍을 방지하기 위해서는 토양의 산성화를 방지하고 칼리질 비료의 과다시용을 피한다. 그리고 산화마그네슘석회. 황산마그네슘. 농용석회 등을 토양에 시용하며 응급조치로 엽면살포를 한다. 엽면살포제로는 황산마그네슘 2% 용액을 2~3회 정도 살포한다.

6) 붕소

붕소는 개화·수정 혹은 세포분열이 왕성할 때 그 요구량이 많아서 생육 초기에 부족되기 쉽다.

영양생장부위상의 전형적인 붕소결핍증상은 생장점의 발육이 중지되어 새 가지의 선단부가 고사하며 그 밑에 약한 가지가 총생한다. 잎은 작아지고 만곡되며 황화되거나, 심하면 조기 낙엽된다. 1~2년생 가지의 발아가 불량해지고 그 부분의 나무껍질이 기칠이진다.

대추꽃은 많이 피더라도 결실이 잘 안되며, 결실이 되더라도 핵(核)내의 종자(仁)가 불충실하거나 퇴화되는 것이 많고 조기낙과가 심하다.

붕소는 알칼리성 토양이나 석회질비료의 시용이 너무 많을 때, 사질토양에서 유실이 심할 때, 건조에 의하여 흡수가 불가능하거나 강우에 의하여 유실이 많을 때 부족되기 쉽다. 특히 토양의 건조는 붕소흡수율을 저하시키는 직접적인 요인이므로 잎이나 과실내의 붕소함량이 적어지기 쉽다.

그러므로 붕소의 결핍을 방지하기 위해서는 퇴비를 충분히 시용하여 토양 완충력을 높이고 특히 5~6월 가뭄 때에 관수와 부초를 철저히 하며, 10a당 붕사 3~4kg을 3년에 1회 정도 시용한다.

결핍증상이 나타났거나 나타날 우려가 있을 경우에는 붕사 0.2~0.3% 용액을 2~3회 엽면살포한다. 토양에 너무 많은 붕사를 일시에 시용하거나, 빈번한 엽면살포는 붕소과다증을 유발시키므로 주의해야 한다.

2. 거름주기

1) 시비량

정확한 시비량은 연간 흡수량, 천연공급량 및 흡수율을 기초로 하여 산출할 수 있으나, 연간 흡수량은 정확히 측정하기 어렵고, 천연공급량은 토양에 따라 차이가 많으며 흡수율도 파악하기 곤란하므로 실제의 시비량을 결정하는데 적용하기는 사실상 불가능에 가깝다.

대추나무는 매년 비료를 주지 않더라도 어느 정도는 새 가지가 자라고 수확도 가능하지만 조기의 수관확대와 많은 수량을 얻기 위해서는 충분한 시비가 필요하다. 대추 유목 및 성목의 비료별 추천 시비량은 〈표 10-1〉과 같다.

<표 10-1> 대추 유목 및 성목의 추천 시비량

성분＼수령	주당 시비량(g)					10a당 시비량(kg)
	1년생	2년생	3년생	4년생	5년생	성 목
질 소	50	100	200	450	550	12
인 산	30	70	140	210	380	8
칼 리	40	80	160	360	440	10

2) 시비시기

식물체의 각 기관은 생장주기(生長週期)에 따라 비료에 대한 요구도가 다르므로 가지·잎·과실 등의 생장에 따라 각 비료성분이 서서히 흡수되어야 한다. 그런데 이들 비료를 일시에 주면 도중에 강우에 의한 유실 및 용탈이 되므로 실제로 대추나무가 필요로 한 시기에 부족될 염려가 있다. 그러므로 합리적인 비배관리를 위해서는 비료를 몇차례로 나누어 시용하는 것이 좋다.

대추나무의 시비는 시비시기에 따라 휴면기(休眠期)에 시용하는 밑거름, 생육기간 중에 시용하는 덧거름으로 구분한다.

(1) 밑거름

밑거름은 낙엽 후에 일찍 시용하는 것이 과실 품질이 좋고, 낙과가 적으며 수량도 많다.

토양에 시용한 질소는 대추 뿌리에서 흡수된 후에 일단 저장되어 있다가 발아와 더불어 급격히 지상부로 이동되는데, 일찍 시용하면 뿌리에 흡수된 후 지상부보다 생장이 빨리 재개되어 뿌리에 이용될 수 있고, 특히 지효성비료의 경우에는 일찍 시용하는 것이 좋다.

일반적으로 퇴비·구비 등 지효성 유기질비료를 화학비료와 함께 시용하는 경우가 많으므로 비효를 높이기 위해서는 낙엽 후 땅이 얼기 전에 시용하는 것이 다음해 봄철에 시용하는 것보다 더 효과적이다.

(2) 덧거름

덧거름은 부족한 비료성분을 보충해 주어 새 가지 생장·과실비대·저장양분의 축적 등을 돕는다. 우리나라 강수량의 계절적인 분포를 보면 대부분 7~8월에 집중되어 있어 토양의 침식 및 용탈에 의하여 토양중 비료분의 유실이 많다. 그 중에서도 질소와 칼리의 유실이 특히 많다.

대추 과수원은 토지이용상 비교적 경사지가 많은데 경사지에서는 비료의 유실이 더욱 심하며 보비력(保肥力)이 약한 사질토양에서는 강우에 의한 비료성분의 용탈이 심하다.

또한 이 시기는 새 가지와 과실의 생장이 왕성하여 질소와 칼리의 요구량이 많으며 과실비대와 더불어 과실에서의 칼리 흡수량이 특히 많다.

대추재배에 있어서 덧거름의 시용시기는 일반과수의 5월 하순~6월 상순과는 시기적으로 차이가 있음을 유의해야 한다. 즉, 일반과수는 6월 상순 경이면 착과가 완료되고 과실비대기에 해당되므로 질소와 칼리질비료의 추가 공급이 필요하지만 대추는 6월 중순 경부터 개화가 시작되므로 이 시기에 질소와 칼리질비료를 덧거름으로 시용하면 오히려 비료성분이 가지와 잎줄기의 생장을 가속화시켜서 결실부위와 영양생장부위 간에 양분쟁탈을 유기시킨다. 뿐만 아니라 뿌리에서 흡수된 무기태 질소가 식물체 내에서 아미노산과 단백질로 합성되기 위해서는 다량의 탄수화물이 필요하므로 결국 대추의 개화 · 결실에 가장 .많은 탄수화물의 결핍상태로 되므로 결국 대추의 착과가 불량해진다.

따라서 대추에 대한 질소와 칼리질비료의 덧거름은 착과가 완료단계에 들어간 1월 중 · 하순 경에 시용하는 것이 효과적이다.

3) 분시비율

퇴비 · 두엄 · 닭똥과 같은 지효성 유기질비료는 전량을 밑거름으로 시용하고 무기질비료 중 인산은 토양에 잘 흡착되어 지속성이 있으므로 전량을 밑거름으로 시용한다. 또한, 석회 · 고토석회 · 붕사 및 기타 미량요소들도 전량을 밑거름으로 시용한다.

질소와 칼리는 전량의 60%를 밑거름으로 시용하고, 나머지 40%는 덧거름으로 시용한다. 사질토양의 경우에는 보비력이 약하므로 밑거름의 시용비율을 줄이고, 덧거름을 2~3회로 나누어 시용한다.

4) 시비방법

일반적으로 뿌리의 수평적 분포는 수관보다 더 멀리 분포되어 있고 특히 양분흡수와 관계가 깊은 잔뿌리는 수관의 바깥둘레 밑에 많이 분포되어 있다. 그러므로 비료를 원줄기 부근에만 집중적으로 시용하는 것은 비료의 흡수·이용상 적당하지 않다.

뿌리의 일부가 병충해의 피해를 받아서 흡수기능을 잃게 되거나 심경 등에 의하여 뿌리가 많이 잘리면 그 뿌리와 같은 방위(方位)에 있는 지상부의 가지에 장해가 나타난다. 이것은 지하에 있는 특정한 뿌리와 지상부의 특정한 가지 사이에는 양분 및 수분의 보급에 밀접한 관계가 있음을 의미한다. 따라서 시비를 할 때에는 비료가 모든 뿌리에 흡수되도록 골고루 시용해야 한다.

또한 뿌리는 비료분이 많이 있는 곳으로 몰리는 향비성(向肥性)이 있고, 이 향비성은 수평적 방향뿐만 아니라 수직적 방향에도 관여한다. 즉, 대추나무를 정식할 때 나무 심을 구덩이를 넓고 깊게 파서 퇴비·두엄 등 유기질 비료를 충분히 시용하면 뿌리가 깊게 뻗는다.

시비방법에는 윤구시비법(輪構施肥法)·방사구시비법(放射構施肥法)·조구시비법(條構施肥法)·전원시비법(全園施肥法) 등이 있는데, 이는 대추나

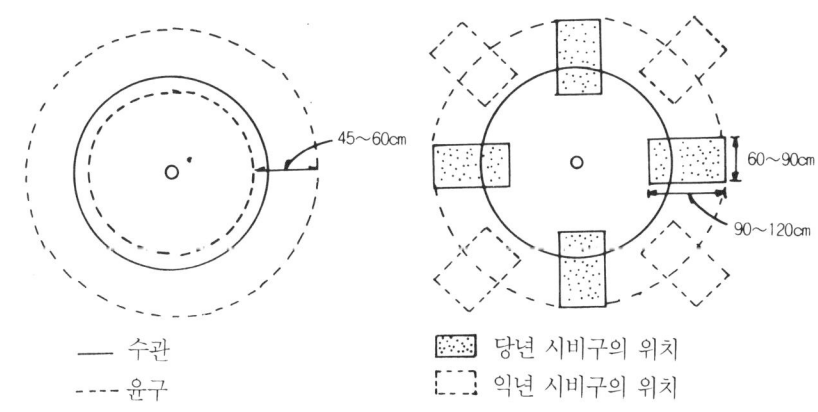

45~60cm

60~90cm

90~120cm

―― 수관
---- 윤구

▨ 당년 시비구의 위치
▨ 익년 시비구의 위치

<그림 10-1> 윤구시비법(좌)과 방사구시비법(우)

무의 수령·토양조건·지형 등에 따라 달라진다.

대부분의 뿌리는 수관의 넓이와 비슷하게 그 범위 이내에 분포되어 있으므로 뿌리를 적게 손상시키면서 비효를 높이려면, 이웃나무와 수관이 맞닿지 않은 유목기(幼木期)에 윤구시비와 방사구시비를 하는 것이 바람직하다.

〈그림 10-1〉에서 보는 바와 같이 윤구시비법은 수관의 바깥둘레를 중심으로하여 너비 45~60cm, 깊이 45~90cm의 원형 고랑을 파서 시비하는 방법이고, 방사구 시비법은 수관의 바깥둘레를 중심으로 하여 가로 45~90cm, 세로 90~120cm, 깊이 45~90cm의 구덩이를 사방에 4~8개 정도 파서 시비하는 방법이다.

윤구시비는 방사구시비보다 토양의 심경효과가 크고 비효도 높지만 많은 노력이 소요되므로 재식후 2~4년째까지 하는 것이 경제적이다. 그 이후부터 성목이 될 때까지는 방사구시비를 하는 것이 경제적이다. 그러나 토양이 척박하여 심경을 할 필요가 있을 경우에는 윤구시비가 좋다.

한편 배수가 불량한 과수원에서는 윤구시비 구덩이나 방사구시비 구덩이가 집수구(集水構)가 되어 구덩이를 파지 않았을 때보다도 나무 생장에 장해가 되므로 별도로 배수시설을 하거나 배수가 되는 방향으로 도랑을 파서 자갈·연탄재·전정목 등으로 암거배수(暗渠排水)를 하고, 그 윗 부분에 시비를 하는 일종의 조구시비를 해야 한다.

수관과 수관이 맞닿는 성목이 되어서도 유목의 경우와 같이 윤구시비나 방사구시비를 하면 많은 노력소요도 문제이지만 뿌리의 손상이 너무 많아 나무의 생육이 저해되므로 곤란하다. 따라서 성목원에서는 나무 사이에 가로 또는 세로로 길게 고랑을 파고 시비하는 조구시비를 하거나, 과수원 전면에 비료를 살포하고 갈아엎는 전원시비를 한다.

성목원에서는 뿌리의 분포상태로 보아 전원시비가 이상적이지만 전원시비를 할 경우 토양표면 가까이에 시비되기 쉬우므로 뿌리의 향비성에 의하여 나무뿌리가 천근성(淺根性)이 되어 건조의 해나 또는 동해(凍害)를 받을 우려가 있다.

또한, 경사지에서는 윤구시비 또는 방사구시비를 하고 평지에서는 전원시비와 아울러 때때로 고랑을 어느 정도 깊게 파서 조구시비로 심층시비할 필요가 있다. 특히 인산질비료나 석회질비료는 심층시비를 해야 비효가 높아진다.

덧거름을 줄 때에는 생육기간 중이어서 뿌리의 손상이 예민하게 나무의 생육에 영향을 주므로 지표면에 시비하고 가볍게 긁어 준다.

5) 엽면살포

토양에 시용한 비료가 강우에 의하여 유실되거나, 토양 내에서 불용성화(不溶性化)됨으로써 대추나무가 흡수·이용하지 못하거나, 대추의 뿌리가 병해충의 피해를 받아 양분의 흡수기능을 상실하거나, 또는 그 밖의 다른 원인에 의하여 나무의 생육이 불량해지고, 그 정도가 심하여 양분 결핍증이 유발될 때 엽면살포를 하면 응급조치로서의 효과가 크다.

엽면살포에서 가장 많이 사용되고 있는 요소는 다른 질소 공급원에 비하여 분자의 체적이 작아서 쉽게 흡수될 수 있다. 요소의 엽면살포 이외에 마그네슘·칼슘·붕소 등의 엽면살포가 실용화되고 있으며 최근에는 각종 비료성분이 종합적으로 함유되어 있는 영양제의 엽면살포도 실시되고 있다.

엽면흡수율은 잎의 생리기능이 왕성한 시기일수록 높고, 새로운 잎은 오래된 잎보다 흡수율이 높으며, 잎의 표면보다는 뒷면에서의 흡수율이 더 높다.

비료성분의 엽면시비시에는 전착제를 가용하는 것이 흡수율을 높이는데 매우 효과적이다. 또한 살포할 때 지나친 고온이나 저온은 흡수율을 저하시키고, 살포 후 8시간 이내에 비가 많이 내릴 때에는 엽면에서의 유실이 많으므로 다시 살포해야 한다.

각종 비료성분의 엽면살포제와 살포농도는 〈표 10-2〉와 같다.

<표 10-2> 비료 요소별 엽면 살포제와 살포농도

구 분	엽 면 살 포 제	살 포 농 도 (%)
질 소	요소	생육기간 : 0.5
		수 확 후 : 4~5
인 산	제1인산 칼슘 또는 제1인산 칼리	0.5~1.0
칼 리	제1인산 칼리	0.5~1.0
칼 슘	염화칼슘 또는 질산칼슘	0.5
마 그 네 슘	황산마그네슘	2
붕 소	붕사 또는 붕산	0.2~0.3
철	황산철	0.1~0.3
아 연	황산아연	0.25~0.4

※ 질소는 농약과 혼용해도 무방하고, 인산과 칼리는 약해방지를 목적으로 생석회
1/2량을 혼용 살포하며, 마그네슘과 요소는 혼용할 수 있다. 붕소는 요소 및 농약
과 혼용할 수 있으며, 아연은 약해방지를 목적으로 생석회를 동량 혼용 살포한다.

◇참고문헌◇

1. Dhillon, B. S. and Singh, K. 1968. Effect some plant regulators on
fruit set and fruit drop in Zizyphus jujuba Linn. J. Res. Ludhiana
5 : 392-394.

2. 金正浩 外 21人. 1986. 三訂 果樹園藝總論. 鄕文社.

3. 오왕근·신건철. 1986. 과수원 토양관리와 비료. 가리연구회.

4. Pramanik, D. K. and Bose, T. K. 1974. Studies on the effects of
growth substances on fruit set and fruit drop in some minor fruits.
South Indian Horticulture 22 : 117-123.

5. Rajput, C. B. S. and Singh, J. 1976. Effects of urea sprays on the
growth and fruiting of ber (Zizyphus mauritiana Lam). J. Horticultural
Science 51 : 173-176.

6. Rajput, C. B. S. and Singh, J. 1977. Effects of urea sprays on the

chemical composition of ber fruit (*Zizyphus mauritiana* Lam). J. Horticultural Science 52 : 371-372.

제11장 병충해 방제

1. 병해

1) 빗자루병

빗자루병은 대추나무의 가장 치명적인 병으로 일단 이 병에 걸리게 되면 열매가 열리지 않을 뿐만 아니라 대개 2~3년 내에 고사하게 된다. 이 병은 종래 우리나라의 일부지역에서 약간씩 발생하던 것이 1950년 경부터 급격히 번지기 시작하여 전국적으로 만연되었는데 그동안 빗자루병의 극심한 피해로 말미암아 충남·북 여러 곳의 대추나무 주산단지가 황폐화되었고 80년대에 이르러서 전북·경남·경북 일대의 대추 과수원에 계속 확대일로에 있어 지극히 심각한 상황에 이르고.있다〈표 11-1〉.

빗자루병은 1960년대까지 그 병원균이 바이러스(virus)로 인식되어 왔으나, 1970년대 초에 전자현미경의 관찰을 통하여 마이코플라스마(Mycoplasma like organism, MLO)로 확인되었다. 마이코플러스마균은 바이러스와 세균(細菌)의 중간적 성질을 지닌 미생물로서 세포벽(細胞壁)이 없이 원형질막(原形質膜)만으로 둘러싸여 있는 병원균이다.

이와 같이 마이코플라스마는 세포벽이 없는 불안정한 상태의 균이므로 식물조직으로부터 외부로 노출되면 곧 사멸되기 때문에 공기전염이나 전정가위·톱·접도 등에 의한 접촉전염(接觸傳染)은 불가능하다. 현재까지 밝혀진 빗자루병의 전염경로는 접목전염과 균을 보유하고 있는 곤충전염 등 두 가지가 있다.

<표 11-1> 대추 빗자루병 발생 실태조사

구 분		조사주수	발병주수	발병율(%)
지 역 별	완 주	1,270	119	9.3
	나 주	1,056	39	3.6
	경 산	4,413	366	8.3
	밀 양	350	105	30.0
	보 은	720	30	4.1
품 종 별	무 등	435	0	0
	금 성	375	0	0
	재 래 종	1,296	154	11.8
	복 조	4,983	382	7.7
	고 례	350	105	30.0
	홍 안	350	17	4.9
	기 타	20	0	0
대 목 별	실 생 대 목	1,570	19	1.2
	분 주 대 목	6,239	640	10.3
수 령 별	5 년 이 하	3,433	70	2.0
	6 ~ 1 0 년	2,780	230	8.3
	1 1 년 이 상	1,593	361	22.6

(1) 빗자루병의 형태 및 병리적 특성

① 형태적 특성

대추나무가 마이코플라스마균에 감염되면 즉시 발병되는 것은 아니고 일정기간 동안 식물체 내에서 자체증식(自體增殖)을 하여 병원균의 밀도가 어느 수준 이상에 도달하여야 육안(肉眼)으로 식별할 수 있는 특이한 형태적 변화가 나타나게 된다.

이와 같은 마이코플라스마균의 잠복기간(潛伏期間)은 품종·수령·나무의 영양상태 등에 따라 달라서 때로는 수체 내에서 마이코플라스마균이 단

<그림 11-1> 대추 빗자루병의 초기증상 (좌 : 건전한 가지, 우 : 병에 걸린 가지)

기간 내에 자연 소멸되기도 하고 때로는 10~12년 동안 그대로 잠복해 있는 수도 있으나 보통 2~5년 사이에 병징이 나타나게 된다.

빗자루병의 외형적(外形的) 특징은 처음에는 나무의 한 두 가지에 있는 눈들이 모두 발아하여 작은 잎과 가지들이 단절간(短節間)으로 총생(叢生) 되어 마치 빗자루처럼 보인다. 화기(花器)는 암술이 재분화(再分化)하여 암 술머리상에서 엷은 녹색을 띤 작은 잎이 발생된다. 잎은 담황록색으로 변하 며, 엽맥망(葉脈網)이 선명하게 나타난다〈그림 11-3 참조〉.

잎이 황화되고 꽃은 재분화하여 잎으로 변화된다.
〈그림 11-3〉 빗자루병에 걸린 잎과 꽃의 모양.

빗자루병에 걸린 대추나무잎을 현미경으로 관찰하면 건전잎의 조직과는 달리 사관세포(篩管細胞)가 퇴화되어 있고, 엽맥표피세포(葉脈表皮細胞)가 불규칙하게 배열되어 있으며 유세포층(柔細胞層)이 심하게 괴사되어 있다.

빗자루병의 발병 첫해에는 나무의 일부분에서만 이상과 같은 병징이 나타 나지만 그후 1~2년 내에 나무의 전체 가지 및 뿌리로 이행되고 마침내 나 무가 죽게 된다.

② 병리적 특성

빗자루병의 가장 특징적인 병리적 현상은 마이코플라스마균의 감염에 의하여 식물체 조직이 직접 괴사되지 않고, 서서히 수체의 물질대사과정을 교란시킴으로써 생리적 균형을 파괴한다는 점이다.

즉, 신초의 정부우세성(頂部優勢性)과 눈의 휴면상태를 교란시켜 모든 눈을 당년에 발아·생장케 함으로써 이듬해 발아할 눈이 없게 됨은 물론 저장양분이 과도하게 소모되고, 이러한 상태로 월동(越冬)을 하게 되면 대부분의 가지가 동해를 입어 고사되는데, 이는 근본적으로 수체내 식물호르몬이 균형을 상실하는 것과 밀접하게 관련되어 있음을 의미한다.

7월 중순 경에 채취한 빗자루병 이병지(罹病枝)내의 식물호르몬을 조사해 본 결과 사이토카이닌(cytokinin)·지베렐린(gibberellic acid)·오옥신(auxin)등과 같은 발아·생장촉진 호르몬은 건전수에 비하여 현저히 높은 수준이었으나 상대적으로 발아·생장억제 호르몬인 엡사이신(abscisic acid)은 건전수에 비하여 더 적었다〈그림 11-4 참조〉.

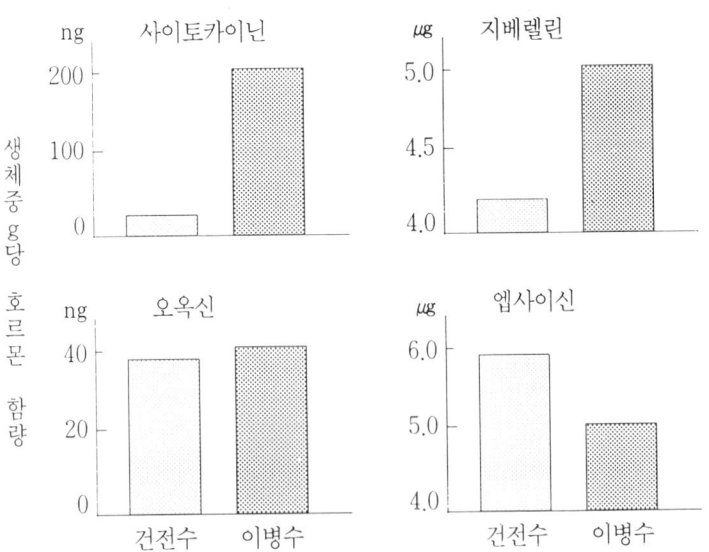

<그림 11-4> 빗자루병에 걸린 대추나무와 건전한 나무의 내생 호르몬 함량 (김, 1985)

핵산(核酸)가운데 디엔에이(DNA)는 마이코플라스마균의 원형질막 외곽에 위치하면서 중요한 병리적 기능 갖고 있는 것으로 알려져 있는데 이같은 핵산물질이 이병수에 다량으로 함유되어 있는 점으로 미루어 보아 대추나무가 빗자루병에 걸리면 수체 내의 물질대사(物質代謝)가 비정상적으로 높은 활성을 유지함으로써 결국 저장양분의 고갈에 의해 동사(凍死) 또는 고사(枯死)되는 것으로 보인다.

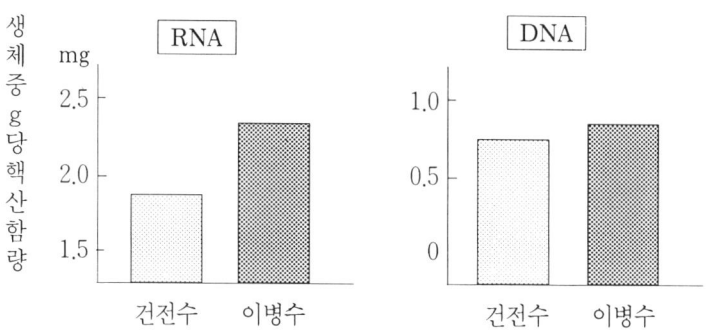

<그림 11-5> 빗자루병에 걸린 대추나무와 건전한 나무의 핵산(RNA, DNA) 함량 (김, 1985)

(2) 빗자루병의 전염경로

대추나무는 재질(才質)이 단단하고 토양과 기후에 대한 적응성이 높아서 빗자루병에만 걸리지 않으면 100여년 이상 장수(長壽)하며 많은 과실을 수확할 수 있는 과수이다. 그리고 빗자루병의 전염경로는 접목전염과 곤충전염의 두 가지 뿐이므로 이 경로를 효과적으로 예방·차단하면 대추재배의 이점(利點)을 극대화 할 수 있다.

① 접목전염

대추나무는 접목법에 의하여 번식되므로 접목에 이용되는 대목과 접수가 마이코플라스마균에 감염되어 있지 않아야 한다. 대목(台木)에는 종자를 파종해서 얻은 실생대목(實生台木)과 성목의 흡지(吸枝)를 옮겨 심은 분주대목(分株台木)이 있다. 대추 혹은 산조(酸棗)종자는 설령 그 어미나무가 빗자루병에 걸려있더라도 마이코플라스마균이 종자까지는 침입을 못하므로 실생대목은 마이코플라스마균에 감염되지 않았다고 볼 수 있다. 그러나 분주대목은 그 어미나무가 마이코플라스마균에 감염될 가능성이 많으므로 전자현미경이나 형광현미경(螢光顯微鏡) 하에서 보균(保菌)여부를 확인하지 않는 한 무병대목(無病台木)으로 간주할 수 없고, 더구나 어미나무의 주변에 빗자루병에 이병수가 분포되어 있다면 그 어미나무 및 흡지에는 마이코플라스마균이 감염되어 있을 가능성이 극히 높다. 따라서 대추나무 대목은 실생 대목이 안전하다.

한편 무병묘목(無病苗木)을 얻기 위해서는 접수도 마이코플라스마균에 감염되어 있지 않아야 하므로 빗자루병이 전혀 발생하지 않은 우량과수원에서 접수를 채취하는 것이 대체로 안전하다. 그러나 과수원 주변에 마이코플라스마에 감염된 대추나무 혹은 뽕나무와 오동나무가 산재되어 있거나 축엽병에 걸린 뽕나무밭과 가까이 있을 경우에는 마이코플라스마균에 감염되었을 확률이 높다. 따라서 보균되어 있을 우려가 있다든지 보다 확실한 무병묘목을 얻고자 한다면 접수를 소독해서 이용하는 것이 바람직하다.

② 곤충전염

지금까지 밝혀진 대추나무의 가해해충은 40여종으로서 이 가운데 마이코플라스마균을 매개(媒介)할 수 있는 해충은 마름무늬매미충을 비롯하여 모지뿔매미충, 끝동말매미충, 광대매미충, 애뿔매미붙이, 뿔매미충, 동굴매미충 등이다.

이들 매미충류 가운데 마름무늬매미충의 발생밀도가 그밖의 매미충류에 비

<그림 11-6> 마이코플라스마에 보독된 마름무늬매미충이 흡즙함으로써 발병된 빗자루병

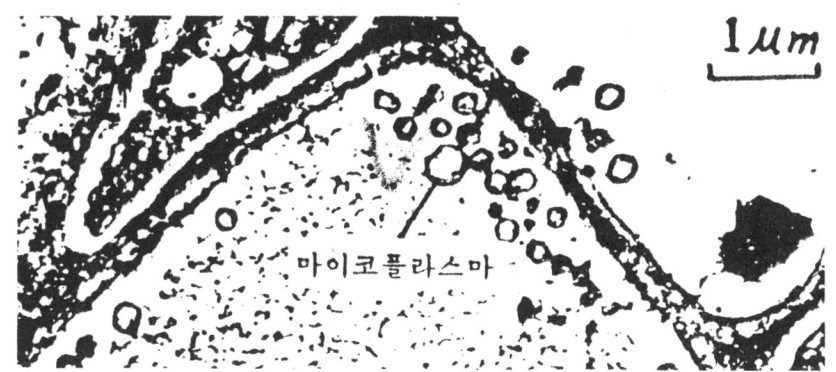

<그림 11-7> 보독된 마름무늬매미충의 접종으로 발병된 대추나무 실생유묘의
사관조직(篩管組織) 내에 감염된 마이코플라스마(×11,025)

하여 수십배 이상 높고, 특히 마름무늬매미충은 건전한 나무보다는 이병주에
서 발생밀도가 높은 편이다. 이병주에서 포획한 마름무늬매미충을 건전한 나
무에 접종시킨 결과 〈그림 11-6〉에서 보는 바와 같이 빗자루병이 발생됨으
로써 마름무늬매미충이 마이코플라스마균을 전염시키는 해충으로 확인되었
다. 이러한 나무를 전자현미경에서 관찰하면 〈그림 11-7〉과 같이 대추나무
사부조직(篩部組織)에서 높은 밀도의 마이코플라스마균이 분포되어 있다.

(3) 빗자루병의 조기진단 방법

대추나무가 마이코플라스마에 감염되었다고 해서 단시일 내에 병징이 나타
나지 않는데, 이는 감염된 마이코플라스마균이 수체 내에서 계속 증식하다가
일정수준 이상의 밀도에 도달한 후에라야 외형적인 병징이 나타나기 때문이다.

동·식물을 막론하고, 치명적이 병일수록 발병 초기에 방제 또는 치료를
해야 피해노 석고 방제효과도 높은 것처럼 빗자루병에 있어서도 조기진단의
필요성이 절실하다.

지금까지 개발된 빗자루병의 진단방법은 전자 현미경(電子顯微鏡)에 의한
마이코플라스마의 실체(實體)를 확인하는 방법과 형광현미경(螢光顯微鏡)하
에서 염색시약(染色試藥)과 마이코플라스마가 결합되어 청색발광(靑色發光)

을 하는 성질을 이용하여 마이코플라스마의 존재 유무를 확인하는 방법으로 구분할 수 있다.

전자현미경에 의한 마이코플라스마의 식별 방법은 그 정밀도가 높아서 초기의 잠복상태까지 파악할 수 있다는 장점이 있는 반면, 시료를 채취하여 고정(固定), 탈수(脫水), 염색(染色), 검경(檢鏡) 등 일련의 과정이 매우 번거롭고 고도의 기술을 요하며 장시간을 소요할 뿐만 아니라 시설장비의 가격이 비싸서 현실적인 측면에서 그 이용 가능성은 매우 낮다.

이에 반하여 형광현미경적(螢光顯微鏡的) 기법(技法)은 시료채취부터 검경까지의 절차가 비교적 단순하고 한꺼번에 많은 양의 시료를 검경할 수 있으며 특히 소요시간이 짧은 편이어서 농업적 이용에 적당하다.

형광현미경법에 이용될 수 있는 형광염색시약은 다피(DAPI ; 4'-6-diamidino-2-phenylindole-2 HCl), 아닐린블루(aniline blue) 및 퀴나크린(quinacrine : quinacrine mustard dihydrochloride) 등이 사용될 수 있으나 성능면에서 다피(DAPI)가 가장 효율적이므로 DAPI를 이용한 빗자루병의 잠복·감염 여부를 확인하는 과정은 다음과 같다.

① 시료조제

대추 빗자루병은 전신성병(全身性病)이므로 마이코플라스마가 줄기·잎·꽃·뿌리 등에 폭 넓게 분포되어 있으나 특히 줄기의 사부조직(篩部組織)에 균의 밀도가 높으므로, 시료채취는 신초선단부 쪽의 가지 부위를 5~10cm 정도

<표 11-2> 빗자루병에 걸린 대추나무 가지와 뿌리의 시기별 DAPI 형광반응조사

조사부위 / 시기	가　　　지	조사주수
12월	＋＋＋＋± ±	＋＋＋±± －
1	＋±± － － －	＋＋±±± －
2	－ － － － － －	＋＋±± － －
3	＋± － － － －	＋＋±±± －
4	＋＋＋± － －	＋＋＋±± －

※ ＋ : 뚜렷한 형광반응,　± : 애매한 형광반응,　－ : 형광반응 없음.

절단 채취한다. 다만 겨울철에는 마이코플라스마의 활성이 저온에 의하여 저하되면서 점차 소실(消失)되므로 〈표 11-2 참조〉 12월부터 이듬해 5월까지는 뿌리(직경 3~5mm의 굵기)를 채취하여 5~10cm 길이로 절단한다.

채취된 뿌리는 물에 씻어서 흙을 제거하고 물기가 마르도록 가볍게 음건시킨다.

② 고정(固定)

채취된 시료(줄기·뿌리)는 1.5~2cm 길이로 잘라서 소형병에 넣고 5%의 글루탈알데하이드(glutaraldehyde)를 함유하는 0.1M 인산완충액(pH 7.0)을 채운 후 마개를 막고 4℃의 냉장고에 2시간 정도 방치해 둔다.

이와 같은 조건 하에서는 시료를 장기저장해 두어도 변질되지 않으므로 시기별로 채취한 시료를 검경코자 할 경우에는 냉장고에 모아 두었다가 검경하는 것이 편리하다.

③ 세척

인산완충액(pH 7.0)으로 2~3회 세척하여 글루탈알데하이드를 제거시킨다.

④ 절편(切片)만들기

조직을 꺼내어 놓고 예리한 면도날을 사용하여 얇은 절편(약 30μm 이하의 두께)을 만든다. 절편은 횡단(橫斷)이건 종단(縱斷)이건 무관하지만 어떠한 경우에도 사부조직이 절편에 포함되도록 해야 한다. 대체로 시료의 굵기가 5mm이하일 경우에는 종단(縱斷)하여 원판(圓板) 모양의 얇은 절편을 만들고, 직경 5mm 이상의 굵은 시료는 횡단(橫斷)하여 사각판(四角板) 모양의 절편을 만드는 것이 좋다.

⑤ DAPI 염색

절편을 슬라이드 그라스(slide glass) 상에 3~5개씩 올려 놓고 DAPI 염색약을 2~3방울 떨어뜨린 다음 커버 그라스(cover glass)를 덮어둔 채로 20~30분 동안 염색시킨다.

DAPI 염색약의 조제는 1μg 의 DAPI를 0.1M 인산완충액(pH 7.0) 1ml에 녹여서 사용한다.

염색시간은 실온에서 20~30분이면 충분한 편이나, 시료를 글루탈알데하이드 용액에 오랫동안 고정시켜 두었다가 염색시키려고 하면 염색이 잘 되지 않으므로 이러한 경우에는 염색시간을 2~4배 정도 더 길게 한다.

⑥ 검경

염색이 완료된 시료는 형광현미경에 올려놓고 검경한다. 〈그림 11-8〉에서 보는 바와 같이 마이코플라스마는 청색으로 발광되어 형광현미경하에서 쉽게 식별된다. 마이코플라스마는 단백질로 둘러 싸여 있는 바이러스와는 달리 디엔에이(DNA)로 둘러 싸여 있기 때문에 DAPI는 마이코플라스마의 DNA와 결합하므로 이 DAPI+DNA의 결합체가 형광현미경에서 발광되는 것이다.

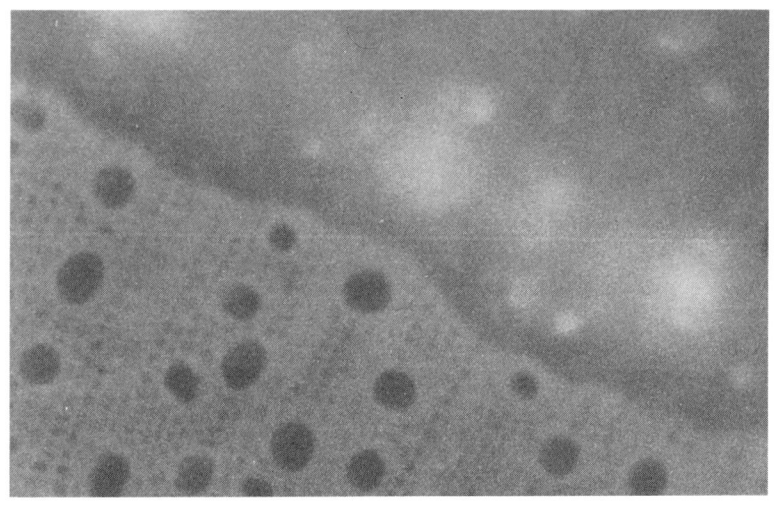

<그림 11-8> 형광현미경상에 나타난 마이코플라스마의 발광상태.
대각선 상단이 마이코플라스마이고, 하단이 목질부이다.

(4) 빗자루병 방제법

① 전염경로의 차단

대추 빗자루병은 접목전염과 곤충전염에 의하여 주변으로 확산되므로 두 전염경로를 차단하면 효율적으로 빗자루병의 확산을 막을 수 있다.

따라서 대추 과원 조성시 마이코플라스마에 감염되어 있지 않은 무병묘목을 재식함으로써 빗자루병의 감염 가능성을 반감(半減)시킬 수 있다. 무병묘목은 무병대목에 건전한 접수를 접목하여 얻어지는 묘목인 바, 우선 무병대목을 준비해야 한다.

대추의 대목은 실생대목과 분주대목으로 구분되는데, 실생대목은 종자를 파종해서 육묘한 대목으로서 종자에 마이코플라스마에 감염되어 있지 않기 때문에 이와 같은 실생대목은 완전한 무병대목이다. 반면에 분주대목은 오래된 성목에서 발생된 흡지(吸枝)이므로 그 모수(母樹)가 오랜 기간 중에 보독충에 의해서 마이코플라스마에 감염되었을 가능성이 높다. 따라서 모수를 형광현미경에 의한 DAPI 염색법으로 무병상태인지 확인한 후 대목으로 사용하는 것이 안전하다.

접수를 채취할 모수도 마이코플라스마에 감염되어 있지 않은 것이라야 하므로 주변에 빗자루병에 걸린 나무가 없어야 한다.

만약 접수를 외지에서 구입해왔거나 마이코플라스마에 감염되었을 가능성이 있을 경우에는 테라마이신 용액에 침지하여 소독한 후 접목해야 한다.

즉, 접목 2~3일 전에 접수를 1~2마디씩 절단하여 10~15개씩 다발로 묶고 테라마이신 1,000배액에 12~24시간 동안 침지되어 있으면 약해를 받게 되므로 바닥이 넓은 용기에 대추 접수의 눈이 위로 향하도록 세워두고 약액을 5cm 깊이로 채워서 천천히 흡수되도록 한다.

<표 11-3> 마이코플라스마에 감염된 대추 접수의 테라마이신 처리가 무병주 생산에 미치는 영향 (김, 1985)

테라마이신 침지시간(시간)	접목활착율(%)	마이코플라스마 이병율(%)
0	62.2	100
1	60.2	50.2
6	57.8	22.5
12	48.9	0
24	68.9	0

〈표 11-3〉과 〈그림 11-9〉는 빗자루병에 걸린 나무에서 채취한 접수를 테라마이신 1,000배액에 침지한 후 접목한 결과로서 12~24시간 동안 침지할 경우 접목활착에 나쁜 영향을 주지 않으면서 마이코플라스마를 완전히 사멸시킬 수가 있었다.

① 무처리
② 시간침지
③ 12시간침지

<그림 11-9> 테라마이신 침지시간별 무병주 생산효과. 테라마이신 농도 : 1000배액.

빗자루병의 제2의 전염경로는 마름무늬매미충을 비롯한 곤충전염이므로 이는 해충 발생시기에 일정한 간격으로 적당한 살충제를 살포함으로써 전염 경로를 차단할 수 있다.

이와 같은 곤충전염의 차단방법은 마름무늬매미충의 방제법에 상세히 기술되어 있다.

② 테라마이신의 수간주입법(樹幹注入法)

지금까지 밝혀진 빗자루병 치료법 가운데 가장 확실하고 실용적인 방법은 테라마이신의 수간주입법으로서 완전한 치료는 어려우나 2~4년 동안 병징을 억제시킬 수가 있으며 거의 정상적인 수확도 가능하다. 마이코플라스마 균에는 항생제가 효과적인 약제이며 그 가운데 테라마이신이 가장 치료율이 높다. 수관살포(樹冠撒布)를 하면 약제가 햇볕에 쉽게 분해되므로 처리방법은 수간주입이나 침지법에 국한될 수밖에 없다.

㉮ 사용약제 : 약국에서 판매하고 있는 인체용 테라마이신(oxytetracycline HCI)으로서 0.25g 및 0.5g 등 2종류의 캅셀이 있다.

㉯ 사용농도 : 수돗물 또는 맑은 우물물 1ℓ에 테라마이신 1g을 약제분말 만 쏟아넣고 잘 저어서 녹인다. 테라마이신제 가운데 먹는 약은 소화 제가 혼합되어 찌꺼기가 가라앉게 되므로 가아제로 걸러서 약통에 넣고, 주사용은 곧바로 녹여서 약통에 넣는다.

<표 11-4> 대추나무의 크기와 약액주입량

나무직경	발병정도	1회주입량(ℓ)	주입횟수	주 입 시 기
10cm 이하	경	0.5	1	4~5월
	심	0.5	2	4~5월 및 7~8월
10~15cm	경	1.0	1	4~5월
	심	1.0	2	4~5월 및 7~8월
15cm 이상	경	1.5	1	4~5월
	심	1.5	2	4~5월 및 7~8월

※ 나무직경 : 지상 1m 부위의 원줄기

㉻ 주입약량 : 주입약량은 나무의 크기에 따라 다르지만, 대체로 지상 1m 부위의 원줄기직경 10cm 이하의 나무는 0.5ℓ, 10cm 이상되는 나무는 1~2ℓ 정도 주입한다.

㉼ 주입시기 : 수간주입 시기는 수액이 이동하는 시기이면 어느 때고 가능하지만 비교적 수액 이동이 활발한 4월~5월 및 7월~8월에 실시하는 것이 좋다. 전년도에 이미 발병한 나무에 처음으로 수간주입할 경우에는 4~5월에 수간주입을 해야 당년의 치료효과와 과실수확을 기대할 수 있다. 한편 수간주입은 흐린날이나 비가 많이 내리는 시기를 피하고 증산작용이 활발한 맑게 개인날 또는 건조한 시기에 실시해야 약액의 주입속도가 빠르고 치료효과도 높다.

㉽ 주입횟수 : 병징이 경미한 경우는 1회의 수간주입으로 약 3~4년간 치료효과가 지속되고, 병징이 심한 경우는 약 2년간 치료효과가 지속되므로 빗자루병을 효과적으로 치료하기 위해서는 2~4년에 한 번씩 수간주입을 실시하는 것이 바람직하다.

㉾ 수간주입 용기 : 빗자루병 치료에 사용하는 플라스틱제 수간주입기 대신 빈 링겔병을 사용할 수도 있는데 이때는 병과 호스에 갈색 페인트를 칠해서 약액이 햇볕에 노출되지 않도록 한다.

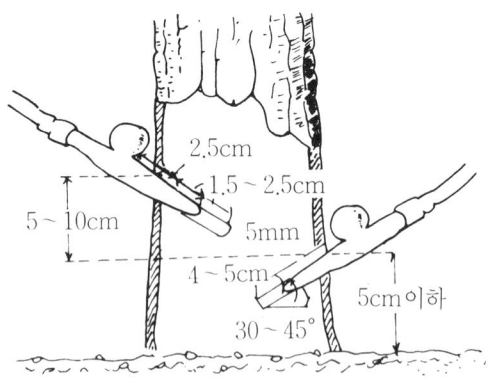

〈그림 11-10〉 대추나무에 주입공을 뚫고 주입관을 연결하는 방법

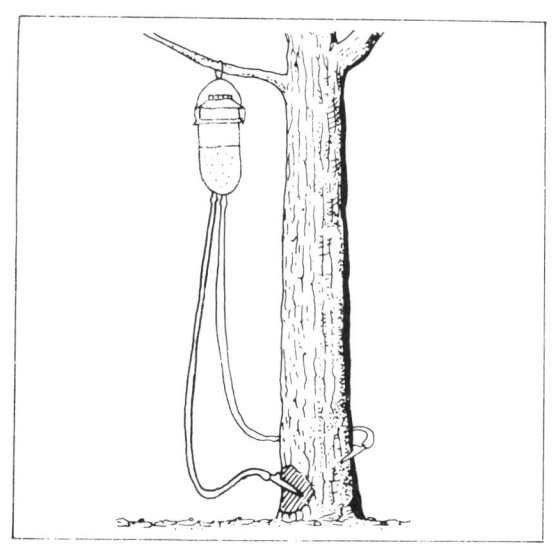

<그림 11-11> 대추나무 수간주입 장면

㉔ 약액의 수간주입 방법 : 수간주입 방법이 나쁘면 전혀 치료효과를 기
대할 수 없으므로 올바른 수간주입 방법에 대하여 자세히 익혀두는
것이 매우 중요하다.

여기에서는 대추나무 빗자루병 치료용으로 개발된 플라스틱제 수
간주입기에 의한 약액의 주입방법을 설명하기로 한다.

ⅰ) 먼저 수간주입기를 대추나무의 사람 키 높이 되는 곳에 끈으로
매단다.

ⅱ) 대추나무의 원줄기 밑쪽에 수동식 드릴 또는 전기 드릴로 직경
5mm, 깊이 4~5cm 되는 구멍(注入孔)을 30~45도 각도로 경사
지게 뚫고 구멍안의 톱밥 부스러기를 깨끗이 제거한다. 같은 방
법으로 먼저 뚫어놓은 구멍의 정반대쪽 약 5~10cm 가량 더 높
은 곳에 구멍 1개를 더 뚫는다〈그림 11-10 참조〉.

ⅲ) 나무에 매달린 주입통에 미리 준비된 소정량의 약액을 부어 넣
은 다음 주입기의 한쪽 호스로 약액이 흘러 나오도록 해서 먼저

　　　주입공 안에 약액을 가득 채운다(이때 주사기를 사용하여 양쪽 주
　　　입공에 약액을 채우면 더욱 편리하다. 이와 같이 해서 주입공내의
　　　공기를 몰아내야 약액의 이동이 원활하게 이루어진다). 곧이어 호
　　　스 끝에 있는 플라스틱 주입관(注入管)을 주입공에 꼭 끼워 약액
　　　이 흘러나오지 않도록 고정시킨다. 같은 방법으로 나머지 호스를
　　　반대쪽의 주입공에 연결한다. 이때 주의할 점은 호스나 플라스틱
　　　관에 공기가 들어가지 않도록 해야 한다〈그림 11-11 참조〉.

　　iv) 양쪽 호스의 연결이 끝나면 공기가 들어갈 수 있도록 주입통의
　　　마개를 약간 느슨하게 닫는다. 한편 테라마이신을 수간주입했을
　　　경우, 주입부위의 위쪽에서만 병징이 억제되므로 원줄기가 지면
　　　(地面) 가까이 하부에서부터 두 갈래로 갈라진 나무는 양쪽 원
　　　줄기에 모두 수간주입을 해야 한다.

㉮ 약액 주입 소요기간 : 이상과 같은 방법으로 수간주입을 했을 때 약액
　주입에 소요되는 기간은 주입시기, 나무의 크기 등에 따라 일정치 않
　으나, 대체로 1ℓ의 약액을 주입하려는데는 5~7일 정도가 걸린다. 따라
　서 1ℓ의 약액이 1~2일 사이에 모두 없어졌다면 이것은 약액이 주입되
　지 않고 바깥으로 새었거나 혹은 나무 속이 썩어서 약액이 밑으로 흘
　러버렸기 때문이다. 반대로 2~3일이 지나도 전혀 약액이 주입되지 않
　았다면 이것은 주입기의 구멍이나, 호스, 플라스틱주입관 등이 막혔거
　나 또는 공기가 들어있어 약액이 이동하지 못했다는 증거이므로 이런
　때는 막힌 구멍을 뚫고 공기를 제거해 주도록 해야 한다.

㉯ 수간주입기의 관리 : 수간주입이 완료되면 주입기를 철거해서 물로 깨
　끗이 씻고 난 다음 나무에 사용하거나, 또는 햇볕이 들지 않는 곳에 보
　관하였다가 필요할 때 다시 사용한다. 플라스틱 제품이므로 깨질 염려
　가 없고 주의만 하면 여러 해 동안 사용할 수 있다. 호스 연결부의 고
　무관은 한 번 사용하고 나면 삭아서 쓸 수 없으므로 갈아 끼운다. 주입
　관을 빼낸 구멍에는 밀납 또는 발코트를 발라 주어야 한다.

지금까지는 빗자루병에 걸린 대추나무를 그대로 방치해 두거나 베어버리는 수밖에 없었다. 그러나 위에 설명한 방법과 요령으로 테라마이신을 수간주입하면 소중한 나무를 베어버리지 않고 매년 계속해서 대추를 수확할 수 있다. 빗자루병이 크게 발생한 지방에서는 외관상 건전한 나무 일지라도 병원균이 잠복중일 가능성이 있으므로 미리 약제를 수간주입 해주면 병의 발생을 사전에 방지할 수가 있다. 따라서 약제의 수간주입은 비단 대추나무 빗자루병의 치료뿐만 아니라 외관상 건전하게 보이거나 전염 가능성이 있는 나무의 예방을 위해서도 매우 효과적인 방법이라 할 수 있다.

③ 고온처리

1960년대 말까지만 해도 대추 빗자루병 병원균을 바이러스로 잘못알고 있었던 때에 바이러스가 고온에 약하다는 성질을 이용하여 국내외적으로 고온처리에 의한 빗자루병 방제의 시도가 여러 차례 있었으나 그 효과는 거의 없는 것으로 나타났다. 저자 등도 접수를 40℃에서 120분, 45℃에서 30분간 고온처리를 한 바 있으나 빗자루병의 치료효과는 인정할 수 없었다.

④ 저온처리

전년도에 빗자루병에 걸린 나무라고 하더라도 월동 이후 생육이 재개되는 초기에는 병징이 전혀 안보이다가 생육이 더욱 진전됨에 따라 차츰 재발병된다. 이와같은 현상은 월동기간 중 저온에 의해 지상부의 마이코플라스마는 그 활성이 약화되거나 사멸되고, 반면에 깊은 땅 속의 지하부는 온도가 빙점 이하로 내려가지 않으므로 마이코플라스마가 뿌리부위에 생존해 있다가 이듬해 봄 생육이 재개되면서 수액을 따라 지상부로 차츰 이행하여, 병징이 재출현될 가능성이 높다.

〈그림 11-12〉는 빗자루병 이병지를 채취하여 저온처리를 한 후 마이코플라스마의 생존여부를 조사한 결과이다. 대조구인 15℃구는 장기간에 걸쳐 마이코플라스마가 계속적으로 검경되는데 반하여 -5℃ 처리구는 15일 이상 경과되면서 발병율이 현저히 저하되었고, -10℃ 처리구는 처리 12일째부터 마이코플라스마가 전혀 나타나지 않았으며, -20℃ 처리구는 처리후 1일만에

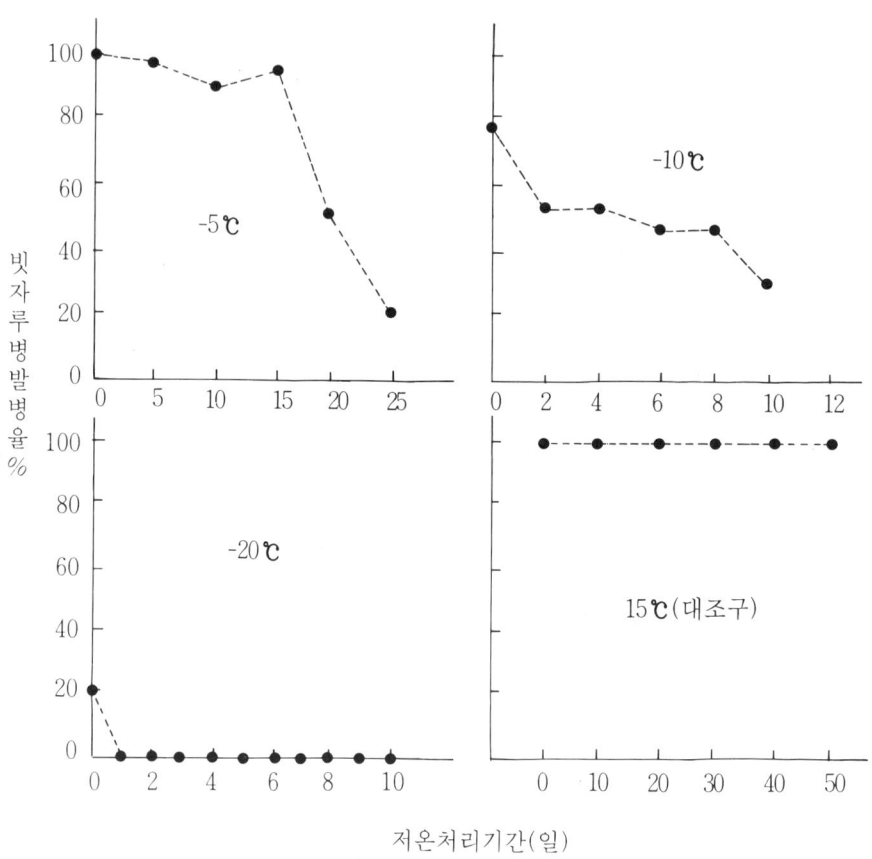

<그림 11-12> 빗자루병에 걸린 대추나무 가지의 저온처리에 의한 치료효과 (김, 1985)

마이코플라스마가 완전히 소멸되었다.

　그러나 이와 같은 저온처리법은 대추나무가 토양에 재식된 상태에서는 지하부에 분포되어 있는 마이코플라스마를 사멸시킬 수 없기 때문에 빗자루병을 치료할 수 있는 실용적인 방법이 될 수 없다. 다만, 채취한 접수용 가지를 저온처리한 후 접목함으로써 마이코플라스마의 무병주 생산에 활용될 수 있다.

2) 줄기썩음병

(1) 증상

대추나무의 가지와 줄기의 껍질을 썩게 하는 병으로 병원균은 상처난 부위를 통하여 침입한다. 대추나무 줄기썩음병은 1970년대까지 전혀 문제시되지 않던 병으로서 1980년대부터 본격적으로 전국에서 발생되었다.

월동 후의 대추나무가 4월에 이르러 기온이 상승함에 따라 발아가 되어야 함에도 불구하고 전혀 발아하지 못한 채 적갈색의 병반이 나타나면서 고사하거나〈그림 11-13 참조〉, 초기에는 발아되었더라도 동해(凍害)를 입은 가지처럼 수피가 부분적으로 울퉁불퉁하게 변형되면서 발아·전엽되었던 새 가지와 잎들이 점차 고사된다〈그림 11-14 참조〉.

줄기썩음병은 일단 번지기 시작하면 피해가 심하여 당년의 수량이 격감되

〈그림 11-13〉 줄기썩음병에 걸린 급성피해가지. 수피가 적갈색으로 변하면서
고사되는데 피해부위와 건전부위의 경계가 분명하다.

는 것은 물론 결실력이 높은 2~3년생 가지가 많이 고사되므로 그 피해는
2~3년간 지속될 수도 있다. 3년생 이하의 유목은 주간부까지 피해를 받게

<그림 11-14> 줄기 썩음병에 걸린 만성피
해가지. 봄철에 잎이 나온후
점차 가지와 함께 고사된다.

<그림 11-16> 경미한 동해피해 부위에 2차
감염된 가지썩음병.

<그림 11-15> 가지의 상처자국과 줄기썩음병의 발생. 병원균이 침입한 상단부가 적갈
색으로 고사된다.

되므로 나무가 고사되는 그 치명적인 피해는 빗자루병에 못지 않다.

그러나 성목의 경우 주간부 또는 4~5년생 이상의 굵은 가지에는 피해가 없거나 있더라도 경미하므로 나무 전체가 고사하는 일은 드물다.

줄기썩음병이 발생되는 것은 두 가지 요인으로서 첫째, 가을철 대추 과실을 수확하기 위하여 장대로 대추나무 가지를 두들기므로서 수피가 벗겨지고 잔가지가 꺾어지는 등 많은 상처가 발생하여 이 상처부위를 통하여 병원균이 침입하게 된다〈그림 11-15 참조〉. 둘째, 겨울철의 추위로 인하여 가지 중에서도 추위에 가장 약한 부위인 눈(芽)이 동해를 받으면 동사(凍死)된 조직 속으로 병원균이 침입하여 〈그림 11-16〉과 같이 병반이 생기며 나중에 이 병반이 가지를 한바퀴 돌게 되면 병반의 상단부가 고사하고 만다.

(2) 방제법

대추나무 가지썩음병은 매년 발생되는 병은 아니고 보통 3~5년 만에 한 번씩 급증하는 경향이 있는데, 가지썩음병이 만연하는 해는 대개 겨울철 주야간의 기온교차가 커서 밤에는 춥고, 낮에는 비교적 온화하며 가끔씩 강우가 있는 해일 경우가 많다.

① 병원균은 항상 상처를 통하여 침입하므로 성목에서는 대추 수확 후 10월 하순 경에 톱신수화제 또는 벤레이트수화제를 가지에 철저히 살포한다.

② 유목은 겨울철 동해를 입지 않도록 추운 지역에서는 줄기와 가지를 짚으로 감싸주거나 주간부를 흙으로 높게 성토해 주었다가 3월 경 피복물을 제거한 후 톱신수화제 또는 벤레이트수화제를 살포한다. 또한 4월 상순 경에 석회유황합제 5도액을 수관전면에 철저히 살포해서 병원균의 증식을 조기에 저지시킨다.

③ 일단 병이 발생된 피해지는 곧바로 제거하여 소각하고, 발아 및 전엽 이후에도 병이 계속 번질 때에는 톱신수화제 또는 벤레이트수화제를 7~10일 간격으로 3~4회 정도 살포한다.

3) 탄저병

(1) 증상

대추 탄저병은 그 증상이 생리장해의 일종인 연부과(軟腐果)와 유사한 증상을 보이는데, 탄저병에 걸린 과실은 과실이 연화되어 썩으면서 약간 쓴맛을 내므로 단맛을 느낄 수 있는 연부과와는 그 성질이 다르다.

대추 탄저병은 성숙기인 9월부터 발생하기 시작하며 10월 경에는 수확이 늦어진 과수원에서 그 발생이 심해진다. 처음에는 주로 과실의 양광면(陽光面)이 다소 수축되면서 연화가 진행하다가 수확 후 건조과정중 과실전체가 물러져서 썩게 된다. 대추탄저병원균은 사과탄저병원균과 동일하므로 탄저병의 발생이 심한 사과 과수원이 주변에 있으면 대추에서도 탄저병의 피해가 심해진다.

<그림 11-17> 탄저병에 걸린 과실. 수확기에 근접해서 과실이 연화되어 썩으며, 쓴맛이 난다.

(2) 방제법

① 발병이 심한 곳은 봄철 발아 직전에 석회유황합제 5도액을 살포하고 장마가 끝난 후 다이센엠-45 600배, 디포라탄수화제(모두나) 800배, 안트라콜 600배액을 8월부터 9월까지 3~4회 정도 살포한다.

② 물빠짐이 좋은 사질양토에 과원을 조성하고 질소질비료의 과다시용을 삼가한다.

4) 녹병

(1) 증상

대추 녹병은 장마 이후 고온·다습한 남부지방에서 매년 그 발생이 심하다. 녹병은 과실과 가지에는 발생하지 않고 잎에만 발생하는데 처음에는 잎의 뒷

<그림 11-18> 녹병에 걸린 대추나무. 장마 후 고온기에 밀식된 과원에서 급격히 번지기 쉽다.

면에 황갈색의 가루같은 병반이 발생하고 이것이 점차 잎 전체로 확대됨으로써
잎 뒷면은 황갈색분말(하포자퇴)로 뒤덮힌다. 이어서 이 병반을 둘러싸는 흑갈
색의 다각형 병반(동포자퇴)이 생기고, 병에 걸린 잎은 일찍 낙엽되므로 대추
수확기인 9월 하순~10월 상순에는 잎이 없고 과실만 매달려 있다. 따라서 과실
비대 최성기에 낙엽이 되므로 과실이 비대하지 못하고 나무상에서 쪼글쪼글하
게 말라버리므로 과실의 품질이 극히 불량함은 물론 수량도 현저히 격감된다.

이 병에 걸린 나무에서 과실을 수확하기 위하여 장대로 두들기면 대추잎으
로부터 황갈색 먼지 모양의 포자가 무수히 주변으로 흩날린다.

이 병원균은 담자균병 녹병균에 속하며 하포자퇴와 동포자퇴를 형성하는
한편 가늘고 긴 실모양체를 형성한다. 하포자는 난형 또는 타원형이고 등황색
이며 동포자는 난형 또는 장방형이며 갈색이다.

(2) 방제법

① 병에 걸린 낙엽을 긁어 모아 태우거나 땅 속 깊이 묻는다.
② 4월 중·하순 경 발아 직전에 석회유황합제 5도액을 수관에 철저히 살
　 포한다.
③ 매년 이 병이 심한 과수원은 장마가 끝난 후 다이센엠-45 600배, 디포라탄
　 (모두나) 800배액을 10~15일 간격으로 3회 이상 살포하여 예방에 힘쓴다.
④ 밀식된 과수원은 간벌을 하여 통광·통풍이 잘 되도록 한다.

5) 잎마름병

(1) 증상

잎마름병은 배수가 불량하고 질소질비료의 시용이 과다한 과원에서 주로
발생하며 특히 습도가 높은 장마철에 만연하기 쉽다.

처음에 병반이 잎에 생기면 급격히 확대·진전되면서 병반 주변이 황변한
다. 잎마름병을 일으키는 특성은 아직 명확히 밝혀지지 않았으나, 이 병반은

<그림 11-19> 잎마름병에 걸린 대추잎.

신속히 확대되어 심한 낙엽을 초래한다.

특히 홍수에 의하여 침수된 과수원이나 강한 비바람에 의해 흙탕물이 튀긴 잎에서 발병되는 경우가 많다.

(2) 방제법

① 매년 잎마름병이 심한 상습지는 배수가 잘 되도록 하고 질소질비료를 적게 사용하며, 흙탕물이 적게 튀어오르도록 나무 하부에 부초를 해 준다.
② 발병 초기에 다이센엠-45 600배, 디포라탄(모두다) 800배, 안트라콜 800배액을 7~10일 간격으로 3~4회 정도 살포한다.

6) 세균성반점병

(1) 증상

세균성반점병은 오래 전부터 대추나무에 발생되던 병이었으나 녹병·잎마름병과는 달리 낙엽되지 않으며 피해가 심하지 않은 편이어서 그다지 문제시

<그림 11-20> 세균성반점병은 잎에만 발생하는 병으로서 병반이 크게 진전되지 않고 낙엽도 되지 않는다.

되지 않았던 병이다. 그러나 이 병반에 잎마름병의 병원균이 2차 감염되면 병반이 급격히 확대되면서 낙엽되므로 해에 따라 심한 피해를 입는 수도 있다.

이 병은 6월 경부터 발병하기 시작하는데 작은 적갈색 반점이 잎에 2~4개씩 나타나서 약간 확대되다가 곧 멈춘다. 이 병반은 잎의 앞면과 뒷면에 똑같은 형태의 반점이 나타나는 것이 특이하고 시일이 경과하면서 둥그란 흑갈색 반점으로 변한다.

(2) 방제법

① 세균성반점병은 약제 방제를 주기적으로 실시하더라도 완전히 방제할 수는 없고, 다만 발생 정도를 감소시킬 수는 있다. 이 병은 치료보다는 예방에 힘써서 처음부터 발생되지 않도록 해야 한다.

② 동계약제로서 석회유황합제 5도액을 발아 직전에 살포한다.

③ 발병 정도가 심하지 않을 때에는 그대로 방치하여도 무방하나, 발병 정도가 심한 과수원에서는 농용신수화제(아그렙토, 부라마이신) 800배 및 6-6식 보르도액을 6월 하순부터 8월까지 3~4회 살포한다.

2 충해

<표 11-5> 대추나무의 해충과 발생정도   (나 등, 1980)

	해 충 명		발생정도
1	마름무늬매미충	*Hishimonus sellatus*	＊＊＊
2	모지뿔매미충	*Tsunozemia mojiensis*	＊＊
3	끝동말매미충	*Cicadella ferruqinea*	＊
4	광대매미충	*Scaphoideus festivus*	＊
5		*Drabescus sp.*	＊
6	애뿔매미붙이	*Machaerotyphus sibiricus*	＊
7	뿔매미충	*Orthobelus flavipes*	＊
8	동굴뿔매미충	*Gargara genistae*	＊
9	장님노린재	*Lygus apicalis*	＊
10	흰떡거품벌레	*Aphophora intermedia*	＊
11		*Geocoris varius*	＊
12	비단노린재	*Eurydema rugosa*	＊
13	별박이노린재		＊
14	대만총채벌레	*Frankliniella intonsa*	＊
15	좀머리총채벌레	*Microcephalothrips abdominalis*	＊
16	더덕머리총채벌레	*Taeniothrips inconsequens*	＊
17	하와이총채벌레	*Thrips hawaiiensis*	＊
18	중국관총채벌레	*Haplothrips chinensis*	＊＊＊
19	사과응애	*Panonychus ulmi*	＊
20	점박이응애	*Tetranychus urticae*	＊＊＊
21	대추좀나방	*Cerostoma sasakii*	＊
22	대추애기잎말이나방	*Ancylis hylae*	＊
23	아세아잎말이나방	*Archips breviplicana*	＊＊＊
24		*Calleida sp.*	＊
25	노란테먼지나방	*Chlaenius inops*	＊
26	가문비애나무좀	*Cryphalus piceae*	＊
27	서나무좀	*Crypholus carpinivorus*	＊
28	섬나라나무좀	*Ips japonicus*	＊
29	털둥근나무좀	*Sphaerotrypes pila*	＊
30	나무좀	*Dryocoetea rini*	＊
31	뽕나무좀	*Xyleborus abatus*	＊
32	소나무꼬미검정좀	*Hylastes opacus*	＊
33	대추나무홍하늘소	*Purpuricenus temminekii*	＊＊
34	왕무당벌레붙이	*Epilachna vigintioctomaculata*	＊
35	오리나무잎벌레	*Agelastica caerulea*	＊
36	애초록풍뎅이	*Anomala viridana*	＊
37	차색풍뎅이	*Adordus tennimaculatus*	＊
38	병대벌레	*Athemus scuturellus*	＊

※ 발생정도　＊＊＊ : 심발생,　＊＊ : 중발생,　＊ : 소발생.

대추나무는 다른 과수에 비하여 해충에 의한 피해가 적은 편이지만, 근래에 재배면적이 급격이 확대되는 것과 함께 해충의 피해도 지역에 따라 또는 해에 따라 수량과 과실·품질에 지장을 초래할 수도 있으므로 충분한 대비책을 사전에 강구해 두어야 한다.

나 등(1980)이 보은·영동·완주·연산의 대추과원에서 조사한 해충의 종류는 〈표 11-5〉에서와 같이 38종에 이르고 있고, 그밖에도 박쥐나방, 노랑쐐기나방, 가중나무산누에나방, 배먹나방 등이 있다.

1) 마름무늬매미충

(1) 생태적 특성

빗자루병의 매개곤충으로 밝혀진 마름무늬매미충은 대추나무 생육기 동

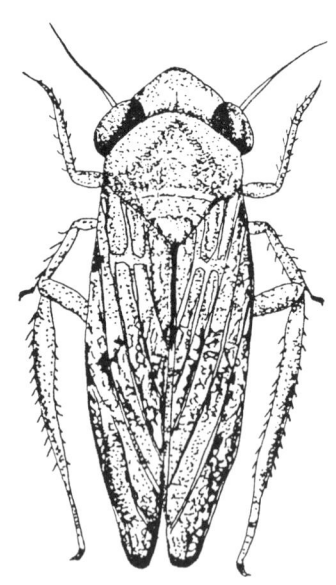

〈그림 11-21〉 마름무늬 매미충의 성충

안에 그 발생밀도가 가장 높은 점으로 미루어 보아, 빗자루병의 전염에 결정적인 역할을 하는 곤충으로 알려지고 있다.

마름무늬매미충은 알 상태로 일일초·당근·샐러리·가지·메꽃·자운영·호프·한삼덩굴 등의 초본류(草本類)에서 월동하고 4월 하순 경 부화하여 약충(若蟲)이 된다. 약충은 약 3주일 이내에 4~5회의 탈피(脫皮)를 한 후 성충(成蟲)이 된다. 성충기간은 40~50일로서 이 기간 중 평균 16개 정도의 산란을 한다. 성충의 발생소장은 〈그림 11-23〉에서 보는 바와 같이 제1화기가 7월 하순이고 제2화기는 9월 중순으로 2회의 뚜렷한 발생 최성기를 나타낸다.

〈표 11-6〉 마름무늬매미충의 령기별 생육상태

구분 \ 령기별	1	2	3	4	5
두폭(mm)	0.6	0.8	0.9	1.0	1.2
체장(mm)	1.4	2.0	2.5	3.3	4.2
무게(mg)	0.7	0.8	1.0	1.8	2.3

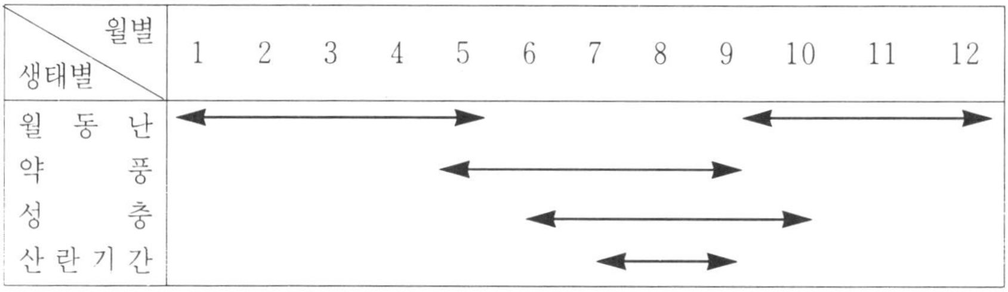

생태별 \ 월별	1	2	3	4	5	6	7	8	9	10	11	12
월 동 난	←				→				←			→
약 충				←			→					
성 충					←			→				
산 란 기 간					←		→					

〈그림 11-22〉 마름무늬매미충의 생태별 분포

마름부늬매미충이 빗자루병을 매개한나는 뚜렷한 증거로서 첫째, 빗자루병에 걸린 대추나무 신초마다 수십~수백 마리의 마름무늬매미충이 흡즙(吸汁)하고 있으나 건전한 나무의 신초에서는 1~2마리 정도 관찰되거나, 또는 전혀 없는 경우도 많다.

둘째, 빗자루병에 걸린 나무에서 포획한 마름무늬매미충을 건전한 대추묘

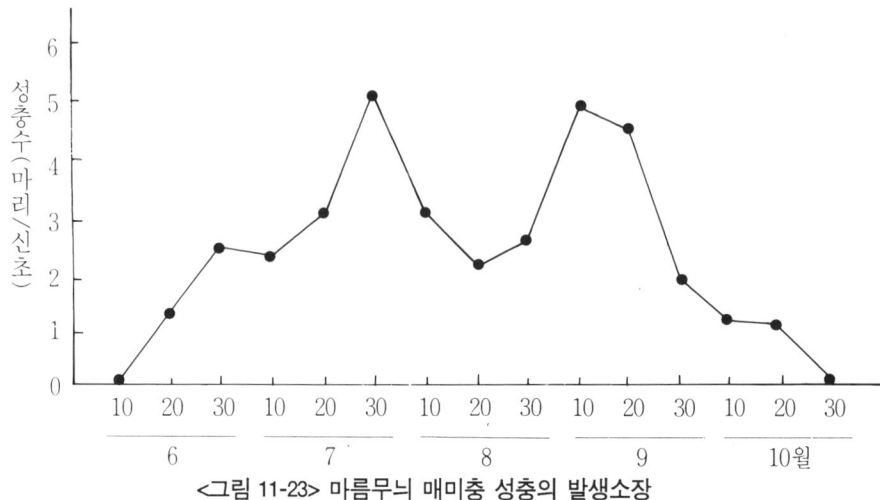

<그림 11-23> 마름무늬 매미충 성충의 발생소장

<표 11-7> 대추나무 빗자루병의 마름무늬매미충에 의한 매개실험결과

시험수번호	흡습기간 (일)	접종충수 (마리)	접종충최종생존일수 (일)	발병상태
1	14	10	20	+
2	14	10	21	+
3	14	10	27	+
4	14	10	20	+
5	14	10	14	—
6	14	10	9	—
7	14	10	17	—
8	14	10	21	+
9	14	10	10	—
10	14	10	9	—
11	21	15	24	+
12	21	15	22	+
13	21	15	19	+
14	21	15	11	—
15	21	15	20	+
16	21	15	18	+
17	21	15	18	+
18	21	15	9	—
19	21	15	13	—
20	21	15	14	—

※ 발생상태   + : 발병,   — : 건전.

목에서 사육시킨 결과 〈표 11-7〉에서 보는 바와 같이 묘목당 10마리 이상의 마름무늬매미충을 2~3주일 동안 접종시킴으로써 빗자루병의 전염이 확인되었다. 따라서 빗자루병을 예방하기 위해서는 마름무늬매미충을 철저히 구제할 필요가 있다.

(2) 방제법

① 마름무늬매미충의 발생밀도를 줄이기 위해서는 월동난의 서식처인 과수원 주변의 잡초를 제거한다.

② 개화 직전인 6월 상순과 개화가 완료된 7월 하순 및 8월 하순에 살충제를 수관전체 및 수관하부에까지 철저히 살포한다. 개화기간인 6월 중순~7월 중순 사이에는 농약을 살포하지 않아야 한다.

③ 효과적인 살충제는 메프수화제 800배, 파프수화제 800배, 더스반수화제 1,000배, 퍼마치온수화제 1,000배, 포스팜액제 1,000배, 피스레유제 1,000배액 등이다〈표 11-8 참조〉.

〈표 11-8〉 마름무늬매미충에 대한 약제방제효과

약 제	배 액	약 충 기			성 충 기		
		공시충수 (마리)	사충수 (마리)	살충율 (%)	공시충수 (마리)	사충수 (마리)	살충율 (%)
메프수화제	800	20	20	100	20	20	100
파프수화제	800	20	20	100	20	20	100
더스반수화제	1000	20	20	100	20	20	100
퍼마치온수화제	1000	20	20	100	20	20	100
포스팜액제	1000	20	20	100	20	20	100
피레스유제	1000	20	20	100	20	20	100
무처리	―	20	0	0	20	1	5

2) 박쥐나방

(1) 생태적 특성

6월 경 대추 개화와 함께 신초생장이 왕성한 대추나무의 여러 곳에 고사되어 가는 신초가 눈에 많이 띄게 된다. 이것은 박쥐나방 유충의 피해로서 성목은 물론 심한 경우에는 대추나무 묘포에서도 많이 발생하여 피해를 준다.

1년에 1회 발생하여 성충은 몸 길이가 3.4~4.5cm이고, 날개를 펴면 8cm 정도되는 암갈색의 나방이다. 알로 월동하여 이듬해 봄에 부화한 유충은 여러 초본식물에 구멍을 뚫고 가해하다가 6월 경에 대추나무의 신초로 이동하여 가지의 수피를 환상(環狀)으로 갉아먹고 들어가면서 갱도 입구를 배설물로 철(綴)하여 덮어 놓는다.

이어서 가지의 생장점 부위쪽으로 가식해 들어가는데 배설물은 반드시 갱도(坑道) 바깥으로 배출하여 실로 철해 놓으므로 마치 충영(蟲癭)처럼 보인다. 피해가지는 서서히 시들다가 꺾어지므로 쉽게 눈에 띈다. 8~10월에 성충

<그림 11-24> 박쥐나방의 유충에 의한 피해가지.

이 되며, 수천개의 알을 땅위의 잡초에 산란한다.

(2) 방제법

① 5월부터 6월 상순 사이에 살충제를 대추나무 수관전체와 수관하부에 충분히 살포하여 부화된 유충을 구제한다.

② 6월 이후에는 과수원을 자주 순회하며 시들기 시작하는 신초를 발견하는대로 먹어 들어간 구멍에 유기인제를 주입하고 봉해주든지 가해부를 철사로 찔러서 유충을 구제한다.

3) 노랑쐐기나방

<그림 11-25> 노랑 쐐기나방의 월동고치

(1) 생태적 특성

1년에 1회 발생한다. 고치 속에서 유충으로 월동하고 이듬해 5월에 번데기로 되었다가 6월 경에 우화(羽化)하여 성충이 된다. 성충은 곧 교미를 한 후 잎 뒷면의 끝에 알을 낳고, 7월에 부화하여 처음에는 잎을 바늘구멍 같이 가식(加食)하다가 유충이 점차 커감에 따라 엽맥(葉脈)만 남기고 가식하므로 쉽게 눈에 띈다.

<그림 11-26> 노랑 쐐기나방의 유충

(2) 방제법

① 겨울철에 나뭇가지에 부착되어 있는 고치를 따서 소각한다.

② 생육기 중에 가식흔적(加食痕迹)이 발견되면 세빈 등의 살충제를 살포한다. 단, 개화기 중에는 약제를 살포할 수 없으므로 피해가지만 제거한다.

4) 점박이 응애

(1) 생태적 특성

장마가 지난 후 고온건조한 상태가 계속되면 점박이응애가 많이 발생하여 잎의 표면과 이면에서 즙액을 흡수하므로 엽록소가 파괴되고 변색이 되어 피해가 심할 경우 조기에 낙엽이 된다.

타원형으로 겨울나기한 암컷은 적색을 띠며, 여름철에는 담황록색으로 등의 양측에 두 개의 암갈색 반점이 있다. 수컷은 여름에만 발생하며 암컷보다 약간 가늘고 작다.

좌 : 피해입은 잎, 우 : 건전한 잎
<그림 11-27> 점박이 응애의 피해를 입은 대추잎

1년에 8~9회 발생하며 암컷이 어른벌레로 겨울나기를 하는데 주로 잡초, 낙엽 및 나무껍질 밑에서 겨울나기를 한다.

(2) 방제법

① 매년 응애의 피해가 심한 과수원은 월동서식처인 잡초 및 조피 등을 제거하고 기계유유제 25배액을 살포한다.

② 5~6월 첫번째 제초제 살포시 응애약제를 혼용하여 살포한다.

③ 잎당 2~3마리 정도 발견될 때 켈센 1,000배, 프릭트란 1,500배, 오마이트 750배, 토락 1,000배, 씨트라존 1,000배, 사란 2,000배 등을 교대로 살포한다.

5) 대추심식나방

(1) 생태적 특성

대추심식나방은 애벌레의 상태에서 과실에만 피해를 준다. 알에서 깨어난 애벌레는 과실 표면에 바늘구멍같은 작은 구멍을 뚫고 먹어 들어간다. 피해를 입은 과실은 조기에 낙과되는 것이 보통이다.

1년에 1세대를 지내며 땅 속에서 겨울나기 고치를 지어 그 속에서 늙은 애벌레로 겨울을 지내고 이듬해 봄철 고치에서 빠져나와 지표 가까이에서 번데기가 된다. 어른벌레는 8월 상순~9월 상순에 발생한다.

<그림 11-28> 대추심식나방의 피해과

복숭아 과수원 근처의 대추나무에 매년 피해가 심하므로 7~8월에 복숭아 과수원과 동시에 방제해야 효과가 있다.

(2) 방제법

① 7월 중순 경 토양살충제 다이아톤 또는 지오릭스입제를 10a당 5kg씩 수관하부에 고루 살포하고 긁어 준다.
② 다이메크론 1,000배 또는 침투성살충제를 7월 하순 경부터 9월 중순까지 3회 정도 살포하여 어른벌레 또는 알을 구제한다.
③ 피해과실은 철저히 줍거나 따서 물에 담그어 과실 속의 애벌레를 죽인다.

6) 갈색잎말이나방

<그림 11-29> 잎말이나방의 애벌레와 피해를 입은 대추잎

(1) 생태적 특성

제1세대 애벌레는 5월 하순부터 6월 중순까지 새가지 끝의 잎을 얽어 매고 갉아 먹는다. 제2세대 애벌레는 7월 하순부터 8월 중하순까지 과실을 얇게 갉아먹어 과실의 상품가치를 떨어뜨리므로 지역에 따라 심한 피해를 입는 경우도 있다.

어른벌레는 등황색으로 몸길이가 7~9mm이고, 애벌레는 15~17mm정도로서 1년에 2회 발생한다.

애벌레는 나무껍질, 낙엽 등에서 겨울나기를 하며 5월 상순에 번데기가 되고 5월 중순에 제1회 어른벌레가 되며 5월 하순부터 산란한다.

(2) 방제법

① 봄철 나무줄기의 거친 껍질을 벗기고 기계유유제를 살포한다.
② 10월 상순 나무 주간부에 유인띠를 설치하여 애벌레가 잠복하면 겨울철에 제거하여 소각한다.
③ 발생 초기에 유기인제 및 피레스로이드계 약제를 살포한다.
④ 잎말이나방은 주광성이 강하므로 등화유살법도 효과적이다.

7) 진딧물

(1) 생태적 특성

대추나무를 정상적으로 관리할 경우 진딧물에 의한 피해를 입지 않는 것이 보통이지만 관리를 소홀하게 하고, 밀식되어 통광·통풍이 불량한 과수원에서는 진딧물이 발생한다.

진딧물의 가해상태는 보통 잎의 뒷면에서 즙액을 빨아먹으나 잎이 말리지는 않는다.

암컷은 날개가 없고 몸은 방추형이며 흑황색을 띤다. 수컷은 날개가 있고

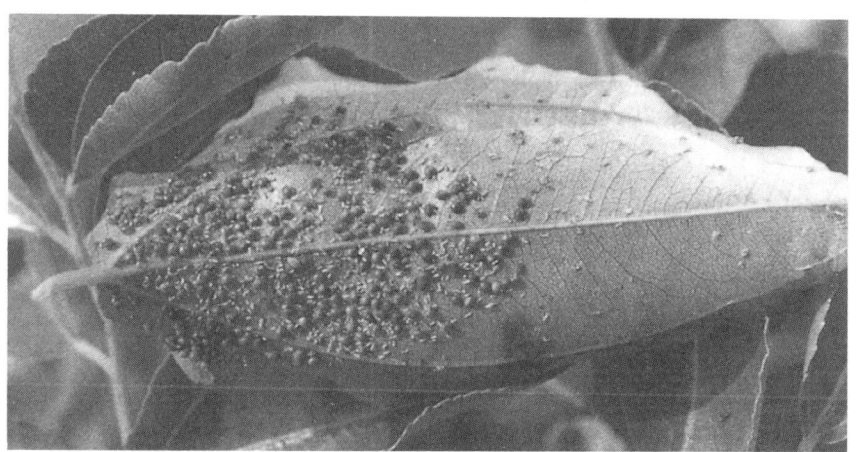

<그림 11-30> 대추나무 진딧물. (구형의 것은 알이며 한 두 마리씩 부화되고 있다)

몸은 장방형이며 암녹갈색을 띤다.

알 상태로 겨울나기를 하고 5월 중하순 경 날개가 있는 유시충으로 되어 대추나무에 날아와서 날개가 없는 무시충을 낳은 후 단위생식으로 그 수가 급증한다.

(2) 방제법

① 동계약제로서 기계유유제를 살포한다.
② 대추나무에 진딧물이 발생하기 시작하면 모노포스액제, 아시트수화제, 다이메크론액제, 메소밀액제, 주렁수화제를 살포한다.

8) 풍뎅이

(1) 생태적 특성

산지를 개간하여 대추과수원을 조성할 경우 5~6월경 풍뎅이의 피해를 보는 수가 있다. 풍뎅이는 저녁 8시 이후에 나타나서 잎을 갉아먹는데, 손으로 건드리면 죽은 것처럼 굴러 떨어진다. 애벌레 굼벵이는 유목의 뿌리를 가해하고 정도가 심하면 나무가 시들고 생육이 부진하게 된다.

풍뎅이는 2년에 1회 발생하며 땅 속에 겨울나기를 한다. 애벌레는 땅 속에서 자라다가 5~6월에 어른벌레로 되어 대추잎을 가해하며 5~6월에 낳은 알은 2년 후에 번데기를 거쳐서 어른벌레가 된다. 어른벌레가 된 후 그대로 겨울나기를 하며, 늦게 부화된 것은 애벌레로 겨울나기를 한다.

(2) 방제법

① 토양처리 : 어른벌레가 나타나는 5~6월에 토양살충제 카운타 등을 뿌리고 흙을 뒤집어 준다.

② 수관살포 : 잎의 피해가 심한 때에는 세빈 800배액을 수관전면에 살포

<그림 11-31> 풍뎅이와 피해잎

하되, 결실초기에는 세빈을 살포할 경우 생리적 낙과가 우려되므로 유
기인제를 살포한다.

③ 불빛에 잘 모여드는 성질이 있으므로 등화유살법을 사용한다.

9) 가중나무산누에나방

(1) 생태적 특성

6~7월의 장마철에 대추 과수원을 순회하다 보면 대추나무에 잎자루만 남
긴 채 나무 한쪽 부분의 잎이 벌레에 의하여 가식피해를 심하게 입은 것을
발견할 수 있다. 일반적으로 잎을 가식하는 벌레는 소식성(小食性)이어서 해
충의 밀도가 낮을 경우 큰 피해는 없으나 가중나무산누에나방은 대식성(大

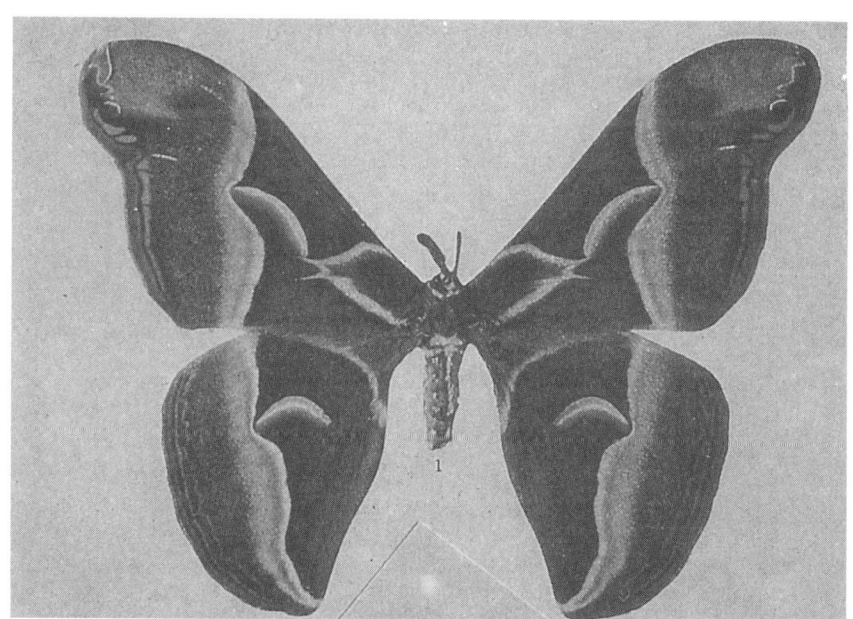

<그림 11-32> 가중나무산 누에나방의 성충

食性)이어서 성목 1 그루에 2~3마리만 발생하여도 불과 며칠 사이에 많은 잎을 가식하므로 피해도 크고 애벌레의 성장속도도 대단히 빠르다.

가중나무산누에나방은 과수원 주변에 가중나무가 많을 경우 가중나무에서 발생한 어른벌레가 대추 과수원으로 날아와서 산란을 하므로 피해가 심해진다.

남부지방에서는 1년에 2회 발생하는데, 어른벌레는 5~6월과 8~9월에 우화(羽化)한다. 중북부지방에서는 1년에 1회 발생하고 7~8월에 우화하며 번데기로 월동한다.

(2) 방제법

① 겨울부터 봄철에 걸쳐 대추나무 또는 가중나무에 매달려 있는 겨울나기 고치를 수거하여 소각한다.

② 6월~8월 사이에 애벌레가 1~2마리씩 발견되면 유기인제 또는 주렁 1,000배액을 살포한다.

10) 뽕나무하늘소

(1) 생태적 특성

애벌레가 가지 및 줄기의 목질부에 구멍을 뚫고 들어가면서 가해하므로 피해가 크며, 어른벌레는 햇가지의 껍질 또는 과실을 물어 뜯고 즙액을 빨아 먹는다.

하늘소의 피해를 받은 나무는 지표로부터 30~50cm 부근의 주간부에 어른벌레의 탈출공(脫出孔)이 생기므로 이 부위가 썩어 들어가서 수세가 쇠약해지는 등 2차적인 피해가 발생된다.

과거에 뽕나무를 경작하다가 대추과수원으로 갱신한 곳 또는 주변에 오래된 뽕나무가 많은 곳에서 하늘소의 피해가 더욱 심하다.

<그림 11-33> 뽕나무하늘소의 어른벌레

어른벌레는 몸길이가 4cm 정도이고 황갈색이며 촉각이 몸길이보다 더 길다. 완전히 자란 애벌레는 몸길이가 6cm로 매우 크고 다리는 없으며, 납작한 원통형 모양에 황백색을 띠고 있다.

2년에 1회 발생하며 나무줄기에서 겨울나기를 한다. 어른벌레는 7~8월에 나타나며 1~2년생의 나무껍질을 물어 뜯고 목질부에 1개씩의 알을 낳는다. 충분히 자란 애벌레는 배설물로 갱도의 앞뒤쪽을 막고 그 속에서 번데기가 된다.

(2) 방제법

① 7~8월경 아침·저녁으로 대추과수원을 순회하면서 어른벌레를 잡아 죽인다.

② 배설물의 배출공을 발견하는 즉시 구멍에 주사기를 이용하여 유기인제 원액을 주입한다. 유기인제는 접촉독은 물론 가스화 작용이 우수하므로 살충제가 갱도 속의 해충에 직접 접촉되지 않더라도 효과적으로 구제할 수 있다.

③ 밤에 불빛으로 모여드는 성질이 있으므로 과수원 곳곳에 유화 등을 켜

놓고 유인하여 구제한다.

◇ 참고문헌◇

1. 洪淳佑. 1960. 대추나무 미친病에 관한 硏究(Ⅱ). 葉 維管束 構造에 미치는 解剖學的 影響에 對해서. 植物學會誌 3(2) : 29-34.

2. Hong, S.W. and Hah, Y. C. 1961. A comparative study of free amino acids in healthy and virus diseased Chinese date tree. Kor. Jour. Bot. 4(1) : 9-12.

3. 洪淳佑 . 金鐘鎭. 1960. 대추나무 미친病에 關한 硏究(Ⅰ). 罹病植物의 內外形態學的 特徵 및 그 命名이 對하여 植物學會誌 3(1) : 32-38.

4. 任絅彬·羅瑢後·林雄圭·張卓重·申載斗·李淳炯. 1985. 옥시테트라 싸이클린을 處理한 빗자루病 感染木의 病態解剖學的 硏究. 한국식물병 리학회지 1(2) : 101-108.

5. 김성봉. 1986. 낙엽과수 병해충 생태 및 방제. 사단법인 전국농업기술 자협회출판부.

6. 金月洙. 1985. 마이코플라스마에 感染된 대추나무의 內生 植物hormone 類와 核酸 및 그 防除에 關한 硏究. 農事試驗硏究論文集(園藝編) 27(2) : 62-68.

7. 羅瑢俊禹 建錫. 1980. 대추나무 빗자루病의 마름무늬매미충에 의한 媒介傳染. 韓國林學會誌 48 : 29-39.

8. 羅瑢俊·Brown, W. M. Jr. 文東植. 1976. Oxytetracycline의 樹幹注入에 依한 대추나무 빗자루病 防除. 한국식물보호학회지 15(3) : 107-110.

9. 白雲夏 外 12人. 1973. 農林害蟲學. 鄕文社.

10. 朴元喆. 羅瑢俊. 1985. 螢光顯微鏡的 技法에 依한 대추나무, 뽕나무 및 일일초의 마이코플라스마 感染診斷. 한국식물병리학회지 1(1) : 12-16.

병해충 방제력

월별	생육단계	방제횟수 (약제살포량)	대상병해충 병	대상병해충 해충	중점방제 병해충
1 ~ 3	휴면기	1(250ℓ)	탄저병 녹병 줄기썩음병	진딧물, 응애	월동약제 (석회유황합제) 줄기썩음병
4 상중하	발아기		빗자루병 (치료)		빗자루병 수간주입 (테라마이신)
	전엽기				
5 상중하	신초생장기	2(250ℓ)	줄기썩음병	진딧물	줄기썩음병, 진딧물
6 상중하	개화기 / 과실비대기	3(300ℓ)	잎마름병	박쥐나방, 잎말이나방, 쐐기나방류	잎마름병, 잎말이나방
			빗자루병 (치료)		
7 상중하		4(400ℓ)	잎마름병, 탄저병	마름무늬매미충 응애, 쐐기나방, 잎말이나방, 박쥐나방	잎마름병, 탄저병 마름무늬매미충
8 상중하		5(400ℓ)	탄저병 녹병	마름무늬매미충 응애	녹병, 탄저병 마름무늬매미충
9 상중하	과실착색기 / 수확기	6(400ℓ)	탄저병 녹병	마름무늬매미충, 박쥐나방, 잎말이나방, 좀나방류	녹병, 탄저병 마름무늬매미충
10 상중하		7(400ℓ)	줄기썩음병		줄기썩음병
11 ~ 12	낙엽 및 휴면기				

제12장 생리장해 및 기상재해

1. 생리장해

대추의 생리장해는 수체와 과실로 나누어 검토되어야 하지만 현재까지 수체에 관한 연구결과는 별로 없고 과실에 관해서만 어느 정도 밝혀져 있다.

1) 열과(裂果)

대추의 열과는 성숙기에 근접해서 비가 내릴 때 많이 발생되고, 특히 대과에서 심하다. 여름철의 고온건조하에서 과피세포(果皮細胞)의 분열이 일찍 정지하여 후막화(厚膜化)가 촉진된다. 이러한 상태의 과피는 수확기에 근접해서 과실이 비대할 때 과피의 탄력성이 적어서 수확기에 비가 오면 뿌리·

<그림 12-1> 대추의 열과   (우 : 열과된 과실, 좌 : 정상과)

잎·과실에서 흡수된 물의 팽압(澎壓)에 의하여 열과된다.

열과의 방지대책은 과실비대기부터 수확기에 이르기까지 토양이 너무 건조하지 않도록 가물 때에는 관수를 해주거나, 수관하부에 부초(敷草)를 해준다. 또한 수확기에 근접하여 일기예보(日氣豫報)를 통해 잦은 강우가 예상되면 미리 수확하여 건조시킨다.

2) 생리적 낙과(生理的落果)

대추의 생리적 낙과는 착과 초기부터 8월 상순까지의 초기낙과와 수확 전 20여일 부터의 후기낙과로 나눌 수 있다. 초기낙과는 어린 과실이 낙과하므로 외관상 잘 나타나지 않으나 그 갯수는 매우 많다. 후기낙과는 숫적으로는 적으나 큰 과실이 낙과하므로 많게 보이고 수량에도 큰 영향을 미치게 된다.

생리적 낙과의 원인은 다음과 같다.

① 수분작용(授粉作用)이 이루어지지 못하여 종자(仁)가 형성되지 않았을 때.

② 강우와 일조부족에 의해 동화량이 너무 적었을 때.

③ 토양이 과습하여 뿌리의 호흡이 억제되고 뿌리의 활력이 부족할 때.

<그림 11-2> 생리적 낙과   (위 : 정상과   아래 : 생리적 낙과)

④ 결실량이 과다하여 영양이 부족할 때.

⑤ 시비량이 너무 많아서 가지의 영양생장이 지나치게 왕성할 때.

⑥ 개화기의 저온·밀식·과번무에 의한 차광(遮光)이 심할 때.

⑦ 과실 비대기에 토양이 건조하여 잎과 과실 간에 양·수분의 경합이 생길 때 등이다.

이상과 같은 여러 가지 원인 가운데 초기낙과는 수분(授粉)이 안된 경우와 과실 비대기의 토양 건조에 의하여 심해지고, 후기낙과는 과다 결실과 밀식에 의한 과번무가 주요 원인이 된다.

생리적 낙과의 방지대책은 개화시각이 동일한 수분수 품종을 혼식하여 수분이 원활하게 이루어지도록 한다. 강전정·질소질 비료의 과용에 의한 과번무를 피하고 밀식에 의하여 일조가 불량하지 않도록 하며 가물 때는 관수를 해주고 강우시에는 배수를 철저히 해준다. 한편 수확 1개월 전에 생장조정제인 2, 4-디(D) 혹은 2, 4, 5-티피(TP) 5ppm을 살포해주면 〈표 12-1〉에서와 같이 낙과방지 효과가 있다.

〈표 12-1〉 생장조정제가 대추낙과방지에 미치는 영향

처 리			낙 과 율
약 제	농 도(ppm)	처 리 회 수	(%)
2, 4-D	5	1	85.0
″	″	2	84.2
″	10	1	92.2
″	″·	2	91.0
″	15	1	89.8
″	″	2	91.5
2, 4, 5-TP	5	1	90.2
″	″	2	87.5
″	10	1	92.0
″	″	2	90.2
″	15	1	93.3
″	″	2	92.1
무처리	—		95.2

3) 연부과(軟腐果)

수확기에 근접하여 대추가 나무에 열린 상태에서 혹은 수확과를 건조하는
과정에서 과실이 연화(軟化)되어 상품성을 떨어뜨리는 경우가 많다. 대추 연
화의 원인은 과실 당도가 25~30°에 달하므로 고온 조건하에서 알콜발효가
일어나기 쉬우며, 이러한 과실은 연화가 촉진되면서 2차적으로 부패균의 감
염에 의하여 결국 연부과가 발생되는 것이다.

<그림 12-3> 대추 연부과

생리적인 관점에서 본 과실의 연화는 과실의 세포막이 붕괴됨으로써 발단
이 되는데, 세포막을 구성하는 주요 성분은 섬유질과 펙틴질로서 이들 물질
의 구조적 결합에 칼슘이 깊이 관여하고 있다. 따라서 토양내에 칼슘이 부족
하면 과실의 연부현상과 같은 생리장해가 발생하므로 매년 휴면기에 밑거름
을 시용할 때 충분한 석회질 비료를 주어야 한다.

또한 대추는 과실의 특성상 연부과가 발현되기 쉬우므로 건과용 대추는

착색초기에 수확하여 연부과의 피해를 막는다.

2. 기상재해

1) 동해(凍害)

(1)증상

대추나무의 종류에는 온대계(溫帶系)와 열대계(熱帶系)가 있어서 저온에 견디는 한계가 각기 다르다. 온대계 대추는 휴면기(休眠期) 동안에 성목(成木)의 경우 -30℃까지 견딜 수 있으나 유목(幼木)에서는 저온에 견디는 힘이 더 약하고, 특히 질소질 비료를 많이 시용하거나 배수가 불량한 과수원, 혹은 과다결실시킨 나무에서는 -20℃ 정도의 온도에서 심한 동해를 받기도 한다.

동해의 정도는 변색정도에 따라 식별되는데 피해가 클수록 갈색의 정도가 짙어진다. 피해가 심한 나무는 가지의 모든 부분이 생기를 잃고 전체의 수피가 갈색을 띤다. 특히 가지나 줄기의 서남쪽 수피가 변색이 심하고, 심한 것은 냄새도 난다.

목질부에 있어서도 내부의 심재가 갈변하고 그 주위의 목부도 암갈색을 띤다. 휴면기의 내한성(耐寒

<그림 12-4> 동해를 입은 대추나무

性)은 수(髓) 또는 목질(木質)의 내부가 가장 약하다. 목질내부의 변색부가 절구면적(切口面積)의 1/4이내인 것은 완전히 회복되지만 1/2에 달한 것은 대부분 고사한다.

피해가 가벼워 변색정도가 담갈색을 나타내는 것은 여름에 거의 피해부가 나타나지 않을 정도로 회복되지만, 농갈색을 나타내는 것은 대개 고사한다. 피해가 더욱 가벼울 때에는 새 가지의 끝이 말라 죽거나 꽃눈이 고사하며 또한 분지각도가 좁은 곳과 햇볕이 미치지 않는 잔가지들이 동해를 받게 된다.

여름에 직사광선이 쬐는 부분이 습기를 머금어 수침상(水浸狀)을 나타내는 경우가 있는데 이것은 가벼운 동해에 의하여 약해진 수피가 그 후 일소(日燒)의 해를 받아 수분이 방출되어 피해가 한층 진행되기 때문이다.

수피가 동사한 부분은 여름에 수분을 잃고 말라 굳어지며, 어느 정도 함몰되어 건전부와의 경계에 균열이 생기는 것이 보통이다. 이에 대하여 여름에도 습기를 띠고 변색부분이 넓어져 그때까지 발아·신장하고 있던 가지가 갑자기 고사하는 경우가 있는데 이것은 피해부 속으로 동부병이나 동고병의 병균이 침입함으로써 나타나는 2차적인 피해이다.

(2) 동해의 예방

① 내한성의 강화

나무의 생장이 일찍 정지하여 가지가 완전히 성숙하고, 수체 내에 탄수화물의 축적이 충분해야만 내한성이 강하다. 그러므로 과다한 결실·조기낙엽·질소질비료의 과다사용 및 토양의 과습상태가 되지 않도록 해야 한다.

ⅰ) 결실을 알맞게 제한할 것 : 지나친 결실은 품질불량, 낙과 등을 유발하여 수체내의 탄수화물 축적량이 적어져서 내한성이 저하된다.

ⅱ) 잎의 보호 : 장마철에 잎마름병이 만연하거나 고온기에 녹병이 발생되면 낙엽이 심해져서 광합성량이 현저히 감소되므로 약제살포를 철저히하여 잎을 보호한다.

ⅲ) 토양의 과습방지 : 보통 때에는 생육이 잘 이루어지더라도 장마철에

토양이 과습하면 뿌리의 호흡불량에 의하여 토양 깊숙한 곳에 위치한 뿌리는 대부분 습해를 받아 고사하므로 배수를 철저히 한다.

iv) 질소질 비료의 과다시용을 금하고 퇴비를 충분히 시용하여 나무가 강건하게 자라도록 한다.

② 수체의 보호

나무의 지접부(地接部)는 성숙이 늦고 표면 온도의 변화가 심하다. 북쪽으로 갈수록 이와 같은 현상은 더 심하여 동해를 받기 쉽다. 이것을 방지하기 위해서는 낙엽 직후 지접부에 20~30cm 높이로 흙이나 왕겨 등을 덮어 준다. 굴취한 묘목에서도 이와 같은 현상이 나타나므로 묘목을 비스듬히 가식하고 원줄기의 2/3정도를 흙으로 덮어준다.

원줄기의 남쪽 또는 굵은 가지의 양광면(陽光面) 수피가 고사하거나 동고병·동부병에 걸리는 경우가 많은데, 이것은 주로 이른 봄의 낮 동안에 햇볕에 의하여 수피온도가 올라가고 다시 밤 동안에 급격히 내려감으로써 활동하기 시작한 조직이 동결되기 때문에 일어나는 현상이다. 이러한 현상을 방지하기 위해서는 원줄기의 남쪽과 굵은 가지의 양광면에 백도제(白途劑)를 바르거나 또는 거적으로 덮어 준다.

(3) 동해를 입은 나무의 관리

동해를 입은 나무는 가급적 전정을 늦추어 동해의 정도가 판정된 후 실시하고 강전정을 피한다. 시비는 가급적 일찍 해주고, 특히 속효성의 질소질비료를 충분히 시용한다.

동해를 입으면 동부병·동고병 등이 쉽게 번질 우려가 크므로 3월과 4월에 톱신수화제 및 석회유황합제 5도액을 가지가 충분히 적셔지도록 흠뻑 뿌린다.

어린 나무의 수피가 열상(裂傷)으로 목질부에서 떨어졌을 경우에는 그 부분이 건조하여 형성층이 고사되므로 일찍 발견하여 비닐로 잘 감아 준다. 수피의 변색이 심하여 회복이 어려울 경우에는 고사부의 껍질을 깎아내고 톱신페스트·발코트 등을 발라준다.

　동해를 받은 나무는 가급적 착과를 적게 하여 회복을 돕고 심한 피해를 입은 나무는 결실시키지 않아야 한다. 동해를 입은 나무는 1~2년간 이식을 해서는 안된다.

　우리나라의 중북부지방은 묘목을 재식한 후 3년생까지는 동해를 받을 우려가 있으므로 각별한 주의를 해야 한다.

2) 풍해

　우리나라는 매년 여름부터 가을 사이에 3~5회의 태풍이 불어와 피해를 주는 경우가 많다. 특히 8월 이후의 태풍은 한창 비대중인 대추에 엄습하여 낙과 피해를 가져온다. 〈표 12-2〉에서와 같이 나주지방에서 1986년 8월 27일부터 28일 사이에 초속 14~30m의 바람과 130mm의 강우를 동반한 태풍 '베라호'에 의하여 유목이 도복되고, 성목은 가지가 찢어지며 낙과율이 70% 이상되는 극심한 피해를 입었다.

〈표 12-2〉 대추 품종별 태풍피해　　　　　　　(원예시험장 나주지장, 1986)

품 종	수 령 (년생)	나　무 도복율(%)	접목부 절단율(%)	주　간 절단율(%)	주　지 절단율(%)	낙과율 (%)
무　등	5	30	13	9	13	82
금　성	5	23	5	2	4	80
월　출	5	31	9	3	6	75
기　타	5	29	10	4	7	70

※ 태풍 경과 현황(베라호)
- 시　간 : 1986년 8월 27일 23시 ~ 28일 18시
- 풍　속 : 14~30m/초
- 강수량 : 130mm

　이러한 바람의 피해를 최소화하려면 대추 과수원을 선정할 때 남서쪽 방

향으로 큰 산이 가려져 있는 곳을 택하거나, 경사지일 경우에는 북동향의 과수원에서 태풍의 피해가 적으며, 매년 태풍의 피해가 심한 해안 가까운 지역이나 평야지대 보다는 큰 산으로 막혀있는 내륙지방이 안전하다.

그러나 이미 조성된 과수원이라면 방풍 울타리를 조성하여 바람의 피해를 최소화하고, 유목기에는 나무에 지주를 설치하여 바람에 넘어지지 않도록 한다.

◇참고문헌◇

1. Childers, N. F. 1983. Modern fruit science. Horticultural Pub.
2. 韓國果樹同友會報. 1~38號.
3. 金正浩 外 21人. 1986. 三訂 果樹園藝總論. 鄕文社.
4. 金容碩. 1985. 韓國におけるナツメ在來種の特性および繁植に關する研究. 東京農業大學博士學位論文.
5. 農山漁村文化協會. 1982. 農業技術大系(果樹編).
6. Westwood, M. N. 1978. Temperate zone pomology. W. H. Freeman and Co. U. S. A.
7. 園藝試驗場. 1975~1986. 試驗研究報告書.

제13장 수확

1. 수확시기

과실은 비대 발육과 함께 전분이 축적되다가 비대가 완료되면 전분이 당화되면서 당분과 과즙이 증가되고 산의 함량은 감소되며, 과피에는 적황색 색소의 함량이 증가된다. 또한 과실의 세포막 속에 함유되어 있는 펙틴이 효소작용에 의해 분해되어 과실이 점차 연화된다.

대추는 착과 후 110일 경에 이르면 성숙된다. 그러나 대추의 개화기는 6월 중순부터 7월 하순까지 40~50일 동안 계속되므로 개화 초기에 착과된 과실과 개화 중기 및 개화 말기에 착과된 것과는 과실의 발육단계에 차이가 있다. 수확시에는 일정한 크기와 당도 및 충분히 착색된 과실만을 골라서 수확하는 것이 이론적으로는 타당하지만 대추는 과실이 작은 반면에 수량은 많은 편이어서 과실 하나씩을 손으로 수확하기에는 인력과 기간이 지나치게 많이 요구된다.

〈그림 13-1〉에서 보는 바와 같이 10월 8일에 수확한 금성대추 과실 가운데 착과후 약 110일이 경과된 것은 6월 21일부터 6월 25일 사이에 착과된 과실로서 과중과 당도가 금성대추 성숙과실의 특성을 잘 나타내고 있다. 이 기간보다 더 일찍 착과된 과실일수록 과실내의 당함량이 뚜렷하게 높았으나 과실 크기는 오히려 더 작아지는 경향을 보였다. 따라서 어느 한 시점에서 일시에 과실을 수확하게 되면 과실 크기와 당도면에서 볼 때 균일도가 다소 저하되기는 하지만 그 변이(變異)의 폭이 그다지 심하지 않기 때문에 동시에 수확을 하더라도 큰 문제가 되지는 않는다.

대추가 충분히 성숙되는 것은 착과 후 110일이 지나서이지만, 이것은 생

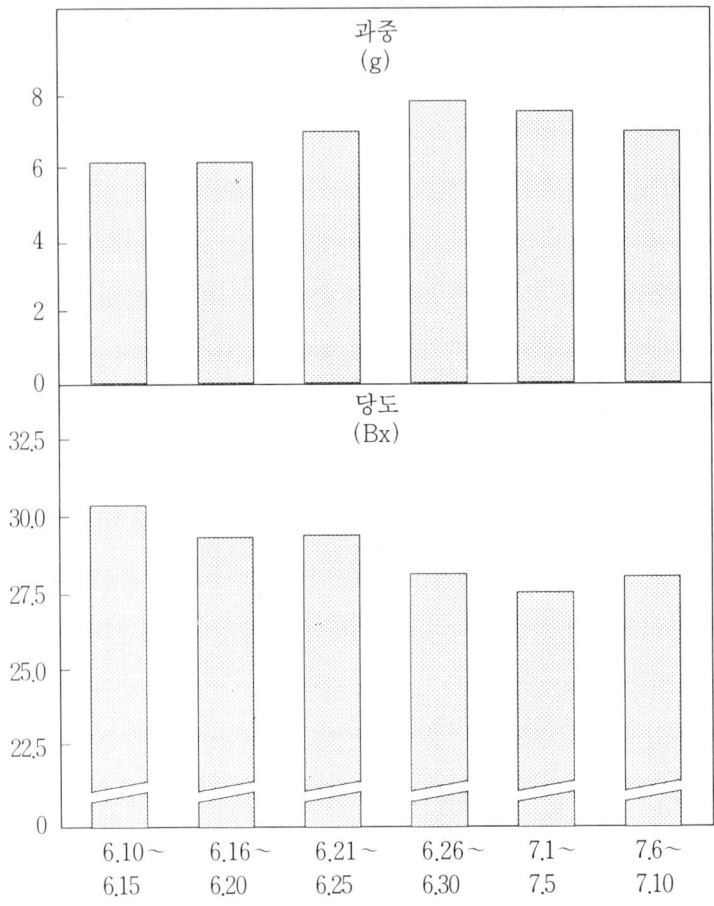

<그림 13-1> 금성대추의 착과시기별 과중과 당도의 변화(수확 : 10월 8일)

식용(生食用)에 한한 것이고 건과용은 이보다 10여일 빨리 수확해야 한다. 즉, 수확기가 가까워짐에 따라 녹색을 띠던 과피색이 유백색으로 변하고 이어서 점차 적색을 띠게 되는데 건과용은 과피면적의 20~30% 정도 착색된 과실이 나무 전체 혹은 과수원 전체의 약 30% 정도를 차지할 때에 한꺼번에 수확한다.

생과용은 과피면적의 70% 정도 착색된 과실을 여러 차례에 걸쳐 익은 것만 골라서 수확한다.

2. 수확방법

대추의 수확방법은 건과용과 생과용으로 구별해서 수확하면 편리하다. 즉, 건과용은 수관 하부를 충분히 덮을 만큼 넓은 깔개(매트)를 지면에 깔아놓고 장대로 가지와 잎줄기를 때려서 밑으로 떨어 뜨린 다음 과실만 골라 상자에 담는다. 수관하부에 풀이 덮여 있는 과수원에서는 깔개 없이 수확해도 무난하지만 이러한 경우에는 풀잎의 이슬이 마른 후에 수확해야 과실이 오염되지 않는다.

이와 같은 수확방법은 과실에 다소 상처를 입히는 경우도 있으나 4~5일이내에 건조를 끝냄으로써 건과의 상품성에는 영향을 주지 않는다. 그러나 생과용의 과실을 수확할 때에는 과실에 상처가 생기지 않도록 면장갑을 끼고 조심스럽게 수확해야 하며 높은 곳의 과실은 사다리를 이용해야 한다.

◇참고문헌◇

1. Biale, J. B. 1964. Growth, maturation and senescence in fruits. Science 146 : 880-888.
2. 金正浩 外 21인. 1986. 三訂 果樹園藝總論. 鄕文社.
3. 金容碩. 1985. 韓國におけるナツメ在來種の特性および繁植に 關する研究. 東京農業大學博士學位論文.
4. 中川昌. 1978. 果樹園藝原論. 養賢堂.
5. Westwood, M. N. 1978. Temperate zone pomology. W. H. Freeman and Co.

제14장 건조

우리나라의 대추 이용은 거의 대부분 건과로 쓰여지고 있으므로 대추 재배시 건조과정은 거의 필수적인 작업이라 할 수 있다.

대추의 건조방법은 자연건조(陽乾)·비닐하우스 내의 건조·증기에 쪄서 말리기(스티밍). 화력건조(火乾) 등으로 나눌 수 있다.

자연건조법(陽乾)은 가장 손쉬운 방법으로 멍석이나 비닐 깔개 위에 대추를 펴놓고 햇볕에 말리는 방법이다. 이 방법은 시설비와 재료비가 거의 소요되지 않으나 건조기간이 20여일 이상 걸리고, 비가 오거나 야간에는 덮어주어야 하므로 노력이 많이 든다. 또한 건조속도가 느리므로 건조 중에 썩는 과실이 많이 생기고, 특히 과실이 큰 것일수록 건조중에 부패로 인한 손실율이 높아서 이 방법은 과실이 작은 재래종 대추나 소량 건조시에 적당한 방법이다.

〈표 14-1〉 무등대추 건조방법별 건조기간 및 건과품질

건조방법	건조소요기간(일)		건과품질(점)	
	1979년	1980년	1979년	1980년
화건 (50℃)	2.6	3.0	75.4	90.5
양건(3일)+화건(50℃)	4.8	5.7	87.5	87.9
비닐하우스 건조	14.7	22.4	84.9	58.5
양건(관행법)	18.6	23.0	70.3	52.7

※ 건과품질 : 선택, 부패과 발생, 과피 주름상태 및 상품가치 등을 기준하여 각각 25점 만점으로 배점한 후 합산한 것.

1979년 : 수확당시 청명한 해.

1980년 : 수확당시 비가 자주 온 해.

비닐하우스 건조법은 자연건조법과 비슷하나 건조 도중 비가 오더라도 안전하다는 장점이 있으며 자연건조에 비하여 건조기간이 다소 짧은 경향이 있다. 그러나, 건조시에 잦은 강우로 인하여 공중습도가 높으면 오히려 자연건조법보다 건조기간이 오래 걸리고 건과품질도 떨어진다.

증기에 쪄서 말리는 방법은 건조기간의 단축효과도 별로 없을 뿐만 아니라 건과의 색택이 매우 불량하여 실용적인 건조방법이라고 볼 수 없다.

화력건조법은 〈표 14-1〉에서 보는 바와 같이 건조기간도 3일 정도로서 매우 단기간이고 건과의 색택이나 과피의 주름이 미려하여 상품가치가 높을 뿐만 아니라 건조중 부패과 발생율이 극히 낮아서 대추 건조방법으로서 바람직하다. 특히 과실이 크고 당도가 높은 신품종일수록 화력건조에 의하여 신속히 건조시킴으로써 과실의 품질을 보존할 수 있고 건조효율을 높일 수 있다.

한편 대추를 화력건조 시킬 때에는 적절한 온도의 유지가 대단히 중요하다. 〈표 14-2〉에서 보는 바와 같이 건조실의 온도가 30℃ 정도로 낮으면 건조기간이 오래 걸리고, 70℃ 정도로 너무 높으면 건조기간은 현저히 단축되지만 과실의 색택과 과피의 주름상태가 매우 불량하여 품질이 나쁘므로 50℃정도가 가장 효과적이다.

보통 농가에서는 창고나 광에다 누에 올릴 때처럼 층을 만들어 깔판 위에다 대추를 펴놓고 말리면 된다. 50℃ 정도의 실내온도를 유지하려면 건조실 면적 5평당 연탄화덕 3~4개를 피우거나 기름보일러가 부착된 온풍기를 이용한다.

〈표 14-2〉 화력건조의 온도에 따른 건조 소요기간 및 건과품질

처 리	건 조 소요기간(일)	색 택 (25 점)	부 패 과 (25 점)	주름정도 (25 점)	상품가치 (25 점)	계 (100 점)
화건 70℃	1.5	6.5	19.0	8.0	6.7	40.2
화건 50℃	2.6	14.2	24.1	17.3	19.8	75.4
화건 30℃	9.9	20.8	18.8	14.2	14.8	68.6

따라서 알맞는 대추 건조방법은 수확당시에 청명한 맑은 날씨가 계속될 때에는 3일 동안 햇볕에 양건하면 약 10~15% 내외의 수분이 줄어드는데 이것을 50℃에 약 2일간 화력건조시키는 것이 가장 좋은 방법이며 수확당시에 비가 오거나 날씨가 좋지 않을 때에는 바로 화력건조 시키는 것이 좋다.

◇ 참고문헌 ◇

1. Fidler, J. C. and Wilkinson, B. G. 1973. The biology of apple and pear storage. Common Wealth Agr. Bureaux England.

2. 金鍾天. 1983. 園藝商品學.

3. 金容碩·洪庚憙·金月洙·1981. 대추 乾燥方法에 關한 硏究. 農事試驗硏究論文集 23(園藝) : 34-38.

4. 李俊陽. 李秉世. 1966. 簡易乾燥舍를 利用한 고추 火力乾燥 試驗. 園藝試驗場 試驗硏究報告書(菜蔬編) : 465-472.

5. 緒方邦安. 1966. 園藝食品の加工と利用. 養賢堂.

6. Salunkhe, D. K. 1976. Storage, processing and nutritional quality of fruit and vegetables. C. R. C. Press. Ohio.

제15장 저장

1. 생과저장

1) 생과저장의 필요성

과거에는 대추 과실이 작고 당도가 낮을 뿐만 아니라 육질이 조잡하여 생식용으로 이용하기에는 부적당하였다. 그러나 최근에는 무등대추처럼 과실이 재래종보다 2배 이상 크고 당도가 매우 높으며 육질이 유연하여 생식하기에 알맞은 대추품종이 보급되고 있는 실정이므로 대추 생과저장의 전망이 밝다고 볼 수 있다.

생과의 장기저장은 저온저장고를 이용하여 12월까지 저장이 가능하나 신선도의 유지 및 이상호흡(異常呼吸)에 의한 냄새제거 등이 아직 과제로 남아 있다. 생과저장용 과실은 수확할 때에 적숙기의 과실, 즉 착과후 110일 정도된 과실이 적당하고, 수확할 때에는 과실에 상처가 나지 않도록 주의해야 한다.

과실은 나무 위에서 뿐만·아니라 수확한 후에도 산소를 흡수하고 이산화탄소를 배출하는 호흡작용을 계속한다. 호흡작용에 의하여 과실 내의 당분·산 및 기타 영양분이 소모되는데, 호흡작용은 온도가 높을수록 왕성하고 과실의 서상은 될 수 있는 한 과실의 호흡을 억제하여 소비될 때까지 과실의 신선도를 유지할 수 있도록 하는 것이 중요하다.

2) 저장조건

(1) 온도

저장 중 온도가 높으면 과실의 호흡작용이 활발해져서 과실 내 성분변화가 많아 경도가 낮아지고 부패병균의 생육이 왕성해져서 저장력을 크게 저하시키는 요인이 된다.

대부분의 과실은 호흡량이 0℃에 저장한 것에 비하여 4℃에 저장한 것이 약 2배 정도 높아지게 되고, 온도가 8℃, 16℃로 높아질수록 호흡량도 4배, 8배로 증가하여 그만큼 저장력이 저하되게 된다.

따라서 저장력을 극대화하기 위해서는 0℃에 가까울수록 유리하지만, 0℃ 이하에서는 저온장해를 받게 되므로 효율적인 온도는 3~4℃가 바람직하다.

(2) 습도

저장고 내 습도가 낮아지면 증산량이 많아져 과실의 위조현상(萎凋現象)이 많이 나타난다. 과실에서의 증산은 표피조직 중의 수증기압과 외부 수증기압의 차가 크면 클수록 많이 나타나며, 또한 과실 주위의 공기유통이 잘될수록 과실의 표피가 건조되기 쉽고 증산량이 많아진다. 반대로 너무 과습하면 부패과가 심하게 발생하므로 저장고 내의 습도는 85~90%로 유지하는 것이 가장 이상적이다.

그밖에도 과실의 숙기촉진제로 이용되는 에세폰(ethphon)이나 후기낙과 방지제로 사용되는 2, 4, 5-TP는 과실의 호흡을 촉진시켜서 과실이 연화되므로 저장성이 떨어진다.

최근에는 저장조건으로서 온도·습도 이외에도 저장고 내의 공기조성을 이산화탄소 1~5%, 산소 2~3%로 유지하여 저장력을 높이는 연구가 시도되고 있다.

2. 건과저장

단기저장용은 수확 후 3~4개월 이내에 시장에 출하하지만 장기저장용은 이듬해 7~8월까지 저장해야 하므로 건조상태부터 단기저장용과 장기저장용은 달라야 한다. 단기저장용은 건조시 40~45% 정도로 무게가 감소되었을 때 즉, 과실을 귀에다 대고 흔들어 보아 핵 속의 인이 분리되어 소리가 날 정도면 되지만 장기저장용은 약간 더 건조시켜서 생과중의 35~40% 수준까지 건조시킨 후 비닐포대에 완전 밀폐하여 건냉한 곳에 저장해 둔다. 만약 건조가 덜 되었거나, 건조는 잘 되었더라도 이듬해 여름철 장마기에 습기가 베어들면 대추좀나방이 발생하여 과실을 가해하므로 대추의 상품성에 치명적인 손상을 가져온다.

따라서 6월 경에는 한 차례 더 건조시키고 저곡 해충약인 인화늄 정제를 처리하는 것이 보다 효과적이다.

인화늄 정제(알루미늄 포스파이드 56% 함유)는 인화수소 가스를 발생시켜 살충함으로써 살충력이 강할 뿐만 아니라 침투력이 강하여 저장물의 구석구석까지 침투되어 살충효율이 높다.

인화수소 가스는 대추의 맛, 향기, 영양, 약리성분 등에 손상을 주지 않으므로 비교적 안전하다.

소독방법은 말린 대추가 보관되어 있는 창고를 철저히 밀폐한 다음 창고의 크기에 따라 창고바닥 면적 10평을 기준해서 3g/정 10~15개를 종이 접시에 나누어 놓고 3~5일 동안 훈증처리를 한다.

훈증처리를 할 대추는 뚜껑이 열린 상자에 담고 엇갈리게 쌓아 놓아 가스의 침투가 용이하도록 한다.

창고 내에서의 투약작업은 2~3시간 이내에 마치고 나와야 하며, 소정의 훈증기간이 지난 뒤에는 출입문과 창문을 전부 열고 3시간 이상 환기시킨 다음 더 이상의 냄새가 없는 것이 확실시 될 때 창고 내를 출입해야 한다.

◇참고문헌◇

1. 林虎・金正玉・申東禾・徐奇奉. 1980. 밤 貯藏에 關한 硏究
   韓國食品科學會誌 12(3) : 170-175.

2. 金容碩・洪庚熹・金月洙. 1981. 대추 乾燥方法에 關한 硏究. 農事試驗硏
   究論文集 23(園藝) : 34-38

3. 金容碩・金月洙. 1983. 대추果實 및 種子의 發育過程과 種子發芽에 關
   한 硏究. 農事試驗硏究論文集 25(園藝) : 47-53.

4. 白光煜・李相榮・韓大成・金縣濟. 1969. 韓國産 대추 成分에 關한 硏究
   春川農大硏究論文集 3 : 21-24

5. 櫻井芳人. 1967. 食品 の加工と貯藏. 光生館.

제16장 대추의 성분과 약리작용 및 용도

1. 성분

1) 과실의 성분

대추과실 가운데 가장 풍부하게 함유되어 있는 성분은 당질로, 생과는 과중의 24~31%, 건과는 58~65% 정도가 단당류와 다당류로 되어 있어서 일반 과종에 비하여 월등히 높다〈표 16-1 참조〉.

<표 16-1> 대추 과실의 성분함량(재래종, 가식부 100g중)　　(농촌진흥청, 1981)

구분	수분 (%)	열량 (Kcal)	단백질 (g)	지질 (g)	탄수화물		회분 (g)	칼슘 (mg)	인 (mg)	철 (mg)	비 타 민			
					당질 (g)	섬유 (g)					A (Iu)	B₁ (mg)	B₂ (mg)	니아신 (mg)
생과	59.9	154	2.4	0.9	24.1	1.8	0.9	-	-	3.9	103	0.03	0.42	5.1
건과	29.5	259	2.9	1.7	57.9	6.1	1.5	37	44	24.0	69	0.32	0.57	-

건조 대추의 수용성 추출액 가운데 당질의 성분을 분석한 결과는 〈표 16-2〉와 같다. 일본산과 중국산 대추가 주로 과당(果糖)·포도당(葡萄糖)·올리고당(寡糖; oligosaccharide)으로 조성되어 83.4~76.3%를 차지하고 있다. 아라비난(arabinan)과 갈락트로닌(galactronan)은 각각 소량씩 함유되어 있고 설탕은 중국산에서만 8%정도 들어 있는데 일본산 대추에서 전혀 검출되지 않았다. 또한 약리적으로 중요한 작용을 하는 배당체(配糖體)의 구성성분이면서 대추에만 함유되어 있는 대추당(zizyphoside)이 상당량 들어 있다.

<표 16-2> 건조대추중 수용성 추출액의 당질조성   (Kaashi, T. 1969)

당질종류 (kg)	일본산대추(%)	중국산대추(%)
과당(果糖)	36.1	30.8
포도당	32.5	32.5
과당(寡糖)	14.8	13.0
아라비난(arabinan)	1.4	0.3
갈락트로난(galactronan)	2.0	0.5
설탕	0	8.8
전당(全糖)	86.8	85.9

아미노산은 라이신(lysine)·아스파트산(aspartic acid)·글라이신(glycine)·아스파라진(asparagine)·글루타민산(glutamic acid)·알라닌(alanine)·발린(valine)·로이신(leucine)·프롤린(proline)등이 함유되어 있다.

대추의 신맛은 주로 사과산(malic acid)이며 소량의 탄닌도 함유되어 있다.

대추는 비타민도 비교적 풍부하게 함유되어 있는데 건조대추 100g중 비타민A 69Iu, 비타민 B_1 0.23mg, 비타민 B_2 0.57mg, 비타민 C 188~544mg, 비타민P 354~888mg 정도이다. 그밖에도 비타민 B_6, 비타민K 등도 풍부하게 함유되어 있다.

특히 비타민P 가운데는 루틴(rutin)과 플라본(flavone) 및 플라본 글리코사이드 (flavone glycoside)가 들어있어서 약리효과가 높다. 사포닌(saponin)도 대추의 주요성분으로 과실·종자·잎·줄기·뿌리 등 대추 전체에 골고루 함유되어 있다〈표 16-3 참조〉.

그밖에도 과실에는 에피카테친(epicatechin)·로코시아니딘(leucocyanidin)·트리메칠로레직산(trimethylolagic acid), 마스리닉산(maslinic acid)의 쿠마로이레이트(coumaroylate) 일종인 베튜로닉산(betulonic acid)·오레아논산(oleanolic acid)·마스린산(maslinic acid)·쿠마로일마스린산 (coumaroyl maslinic acid)·알피토린산(alphitolic acid)·하이드록시우

르소린산(hydroxyusolic acid) 등이 있다.

＜표 16-3＞ 대추에 함유되어 있는 알칼로이드의 종류

알칼로이드의 종류	검출부위	년　도	연　구　자
마우리틴A(mauritine　A)	과실, 수피	1972, 1976	Tschesche, R. 외
마우리틴B(mauritine　B)	과실	1972, 1976	Tschesche, R. 외
마우리틴C(mauritine　C)	과실, 수피	1974, 1974	Tschesche, R. 외
마우리틴D(mauritine　D)	과실	1974	Tschesche, R. 외
마우리틴E(mauritine　E)	과실	1974	Tschesche, R. 외
마우리틴F(mauritine　F)	과실	1974	Tschesche, R. 외
무크로닌A(murconine　A)	과실, 수피	1972	Wolfram, F. H. 외
무크로닌B(murconine　B)	과실	1972	Wolfram, F. H. 외
무크로닌C(murconine　C)	과실, 수피	1972	Wolfram, F. H. 외
무크로닌D(murconine　D)	과실	1972	Wolfram, F. H. 외
무크로닌E(murconine　E)	과실	1974	Tschesche, R. 외
무크로닌F(murconine　F)	과실	1974	Tschesche, R. 외
무크로닌G(murconine　G)	과실	1974	Tschesche, R. 외
무크로닌H(murconine　H)	과실	1974	Tschesche, R. 외
암 피 빈 A(amphibine　A)	수피	1972	Tschesche, R. 외
암 피 빈 B(amphibine　B)	과실, 수피	1972	Tschesche, R. 외
암 피 빈 C(amphibine　C)	수피	1972	Tschesche, R. 외
암 피 빈 D(amphibine　D)	과실, 수피	1972	Tschesche, R. 외
암 피 빈 E(amphibine　E)	수피	1972	Tschesche, R. 외
암 피 빈 F(amphibine　F)	과실	1974	Tschesche, R. 외
안 피 빈 H(amphibine　H)	수피	1976	Tschesche, R. 외
암 피 빈 I(amphibine　I)	과실	1974	Tschesche, R. 외
암 피 빈 Ⅱ(amphibine　Ⅱ)	과실	1975	
아비세닌A(abyssenine　A)	과실, 잎, 수피	1974	Tschesche, R. 외
아비세닌B(abyssenine　B)	과실, 잎, 수피	1974	
아비세닌C(abyssenine　C)	과실, 잎, 수피	1974	Tschesche, R. 외

알칼로이드의 종류	검출부위	년 도	연 구 자
누무라린A(nummularine A)	수피	1976	Tschesche, R. 외
누무라린B(nummularine B)	수피	1976	Tschesche, R. 외
주 바 닌 A(jubanine A)	수피	1976	Tschesche, R. 외
주 바 닌 B(jubanine B)	수피	1976	Tschesche, R. 외
지 지 핀 A(zizyphine A)	수피	1973	Tschesche, R. 외
지 지 핀 F(zizyphine F)	수피	1974	Tschesche, R. 외
지 지 핀 G(zizyphine G)	수피	1974	Tschesche, R. 외
프 란 구 라 닌(frangulanine)	뿌리	1974	Otsuka, H.
프 란 구 포 린(frangufoline)	과실	1974	Tschesche, R. 외
코레스탄에테르 I(cholestane ether I)	과실	1974	Tschesche, R. 외
코레스탄에테르 II(cholestane ether II)	과실	1974	Tschesche, R. 외
아 도 에 탄 X(adouetine X)	뿌리	1974	Otsuka, H.
코 크 라 유 린(coclaurine)	잎, 뿌리	1977	Ziyaev, R. 외
코크라유린F(coclaurine F)	뿌리	1974	Otsuka, H.
코크라유린G(coclaurine G)	뿌리	1974	Otsuka, H.
코크라유린H(coclaurine H)	뿌리	1974	Otsuka, H.
이 소 보 르 딘(isoboldine)	잎	1977	Ziyaev, R. 외
노리소보르딘(norisovoldine)	잎	1977	Ziyaev, R. 외
아 시 미 로 빈(asimilobine)	잎	1977	Ziyaev, R. 외
유 지 핀(yuziphine)	앞	1977	Ziyaev, R. 외
유 지 린(yuzirine)	잎	1977	Ziyaev, R. 외

2) 종자의 성분

대추나무속 식물 가운데 산조(酸棗)는 과육이 매우 적고 신맛이 강하며 떫어서 식용으로 부적당하다. 그러나 종자는 과거부터 한약재로 요긴하게 사용되어 왔다. 산조 종자(酸棗仁)에는 31.8%의 지방유(脂肪油)가 함유되어 있는데 이 지방유는 불포화지방산(不飽和脂肪酸)이 대부분으로서 오레인산(oleic acid)이 54%, 리노레인산(linolein acid)이 35% 정도로 조성되어 있다. 또한 약리효과가 높은 사포닌(saponin)·에베린 락톤(ebelin lacton), 당과 사포닌의 화합물인 주주보사이드 A(jujuboside A) 및 주주보사이드 B(jujuboside B)가 함유되어 있으며 베튜린산(betulin acid)·베튜린(betulin)·루틴(rutin)·글리코실플라본(glycosyl flavone) 등이 있다.

3) 잎의 성분

대추 잎에도 여러 가지 약리성분이 풍부하게 함유되어 있다. 즉, 사포닌·쿠마린·플라본·글리코사이드·무실리지(mucilage)·비타민C·루틴이 들어 있고, 또한 알칼로이드로서 코크라유린·이소보르딘·노리소보르딘·아시밀로빈·유지핀·유지린·아비세닌 등이 있다.

4) 가지 수피의 성분

대추나무의 수피에서는 많은 알칼로이드가 검출되었다. 즉, 마우리틴·무크로닌·암피빈·아비세닌·지지핀 등의 유도체가 19종 정도 밝혀졌다.

5) 뿌리의 성분

대추 뿌리에는 사뽀닌을 비롯하여 프란구라닌·아도에딘·코크라유린의 유도체 등이 함유되어 있다.

따라서 대추는 과실뿐만 아니라 종자·잎·가지·뿌리 등 나무의 모든 부위에서 다양하고 풍부한 영양성분 및 약리성분이 함유되어 있으므로 이들 성분을 유용하게 이용할 수 있는 식품이용 연구가 절실한 실정이다.

2 약리효과와 약리작용

1) 약리 성분별 약리효과

(1) 비타민 A

대추 생과에는 카로틴(carotene)과 크립토크산틴(cryptoxanthin)이라고 하는 황색 내지 주황색 물질이 매우 풍부하게 들어 있는데, 이들이 인체 내에서 비타민 A로 쉽게 전환되어 이용되므로 비타민 A 전구체(provitamin A)라고 한다. 비타민 A는 눈 망막의 간상세포(桿狀細胞)에 존재하는 시홍(視紅)이라는 붉은 자색의 감광물질의 구성성분이 된다. 시홍은 어둠침침한 곳에서의 시각과 관계있는 물질이므로 비타민 A 섭취량이 부족하면 시홍의 생성량이 점차 감소되고 야맹증이 된다. 또한 상피세포(上皮細胞)나 점막이 변하여 눈의 각막과 입·소화기·호흡기 등의 점막을 해치게 된다.

(2) 비타민 B 복합군

비타민 B군에는 B₁(티아민)·B₂(리보플라빈)·B₆(피리독신)·판토테인산·비오틴·콜린·이노시톨·엽산 등이 있다.

비타민 B₁ : 미색의 결정체로서 티아민(thiamin)이라고 불린다. 비타민 B₁은 체내에서 인산 2분자와 결합한 형태인 TPP(thiamin pyrophosphate)가 되어 탄수화물 대사과정 중에 보조효소로 매우 중요한 역할을 한다. 즉, TPP는 탈탄산효소(decarboxylase)의 보조효소로서 포도당의 중간 대사물질인 피루브산(Pyruvic acid)과 시트르산 회로 중 α-케토글루타르산(α-ketoglutarate)으로부터의 산화적 탈탄산반응(oxidative decarboxylation)에서 이산화탄소가 이탈되어 나오는 것을 돕는다.

비타민 B₁이 결핍되면 당질대사가 진행되지 않아서 피루브산과 젖산 등의 포도당 중간 대사물질이 혈액과 조직내에 축적되어 식욕감퇴·피로·체중

감소·정신불안 등의 증세가 초기에 나타나기 시작하며 각기증세(脚氣症势)로 발전된다. 또한 심장의 맥박이 빨리지고 신경의 마비가 오기 쉽다.

비타민 B₂ : 수용액 중에서 황록색 형광을 발하는 오렌지색 혹은 노랑색 결정체로서 리보플라빈이라고 불린다. 비타민 B₂는 체내에서 탈수소효소(dehydrogenase)의 조효소인 FMN(flavin mononucleotide)과 FAD(flavin adenine dinucleotide)의 구성성분이 된다.

이 탈수소효소는 어떤 물질로부터 수소를 받아서 다른 물질로 운반하여 결국 열량소로부터의 수소가 산소와 결합하여 물이 되도록 하는 생체의 산화 환원 반응계에서 작용하는 여러 효소들에 속한다. 그러므로 비타민 B₂는 탄수화물·지방·단백질 등 열량소의 대사에 없어서는 안되며 만일 결핍되면 이들의 대사가 저해되어 여러 가지 신체장애를 일으킨다.

결핍증으로서 설염(舌炎)·구순염·구각염·피부염·결막염이나 백내장과 같은 눈병이 나타난다.

비타민 B₆ : 비타민 B₆ 효력을 나타내는 모든 물질을 총칭하는 이름으로서 피리독신(pyridoxine)·피리독살(pyridoxal)·피리독사민(pyridoxamine)이 여기에 속한다. 인체 내에서 비타민 B₆는 피리독살이 한 분자의 인산과 결합한 형태인 피리독살인산으로 되어 영양소 대사에 보조효소로 작용한다. 특히 아미노산으로부터 다른 케토산으로의 전이, 황을 함유하는 아미노산으로부터 SH군의 제거, 아미노산으로부터 이산화탄소의 제거 및 아미노기의 제거 등 생체내 반응의 효소에 대한 보조효소로 아미노산과 단백질 대사에 광범위하게 작용한다. 결핍증세는 비타민 B₂의 결핍증세와 비슷하다. 즉, 초기에는 눈 주위·눈썹·입 가장자리·혀의 염증으로 시작되어 현기증·구토·체중감소·정신불안·빈혈·신석·경련 등의 증세로 신행한나.

니아신(niacin) : 니코틴산(nicotinic acid)과 니코틴아미드(nicotinamide)가 이에 속한다. 니아신은 처음에 니코틴산을 가리키는 용어로 등장하였으나 근래에 와서 니코틴산과 그 유도체를 모두 가리키는 용어로 채택되었다. 니아신은 흰색 결정체로서 대추에는 니코틴산이 들어 있다.

니코틴산은 탈수소효소의 조효소인 NAD(nicotinamide adenine dinucleotide)와 NADP(nicotinamide adenine dinucleotide phosphate)를 형성하여 인체 내의 산화환원반응에 관여한다. 인체에서 NAD나 NADP를 조효소로 요구하는 탈수소효소는 수백종으로서 탄소화물·지방·단백질의 대사과정 중에 광범위하게 작용한다. 즉, 니코틴산은 모든 조직세포의 정상적인 생명현상을 유지하는데 없어서는 안되는 물질이다.

니코틴산의 결핍증으로서 초기에는 피로·식욕감퇴·체중감소로 시작하여 피부염·설사·지능저하 증상으로 심화된다.

엽산(葉酸) : 폴산(folic acid)·폴라신·PGA 등으로도 불리운다. 엽산은 빈혈, 즉 소아의 대혈구성 빈혈 또는 임신중의 빈혈치료제로서 유효하다.

(3) 비타민 C

비타민 C는 대추의 과실에 많이 함유되어 있는데 건과보다는 생과에 더 함유되어 있다. 수용성인 흰색 결정체로서 항괴혈병성 인자(抗壞血病性 因子), 즉 안티스코르부트산(antiscorbutic acid)으로부터 아스코르브산(ascorbic acid)이라 명명되었다. 탄화수소의 유도체로서 인체 내에서 산화·환원되면서 영양소 대사를 돕지만 어떤 방식으로 작용하는지 확실하지 않다.

또한 인체의 세포를 접합시키는 시멘트와 같은 물질인 콜라겐(collagen)의 형성과 유지에 필요하다. 따라서 비타민 C가 결핍되면 세포간의 콜라겐이 감소함으로써 혈관벽이 약화되어 신체의 아무 부분에서나 출혈이 생기며, 치아와 잇몸의 구조가 변화하고 관절의 확대 및 출혈로 인한 빈혈 등 괴혈병 증세가 나타난다. 인체의 조직 내에 비타민 C가 함량이 높으면 각종 질병에 저항하는 힘이 커진다는 연구보고가 많다.

(4) 비타민 K

비타민 K는 K$_1$·K$_2$·K$_3$ 등 3종류가 있는데 비타민 K$_1$(phylloguinone)은

대추를 비롯한 수종의 식물체에서 생합성되고, 비타민 K_2(menaquinone)는 동물이나 미생물에서 발견되며, 비타민 K_3(menadione)은 인공 합성물질로서 3종류 모두 비타민 K로서 작용한다.

비타민 K는 혈액응고에 필요한 4종류의 단백질(prothrombin, proconvertin, plasma thromboplastin, stuart factor) 합성에 요구된다.

비타민 K가 결핍되면 이들 단백질의 합성이 저해됨으로써 혈액응고가 잘 되지 않으므로 피하출혈·내출혈 등이 일어나고, 계속하여 비타민 K가 결핍되면 죽음까지 초래될 수 있다. 또한 비타민 K는 미토콘드리아 (mitochondria)에서의 수소전달에 관여한다고 한다.

비타민 K는 인체의 장내세균에 의하여 합성되기도 하나 흡수되는 양이 적으므로 외부에서 섭취해야 한다. 다만, 비타민 K는 지용성(脂溶性)이므로 한꺼번에 많이 복용하면 부작용이 따른다.

(5) 비타민 P

비타민 P는 비타민 C와 협력하여 모세혈관의 저항성을 높여주는 역할을 한다. 모세혈관의 투과성(Permeability)을 높여주므로 투과성의 머리글자 "P"를 따서 비타민 P라고도 한다. 비타민 P는 단일물질이 아니고 플라본 유도체에 P작용이 있음이 밝혀진 바 있다. 대추속에 들어있는 루틴과 플라본 유도체가 비타민 P로서의 작용을 한다.

루틴(rutin) : 대추가 함유하고 있는 독특한 약리성분으로서 플라보놀 배당체의 하나이다. 알칼리 용액에 잘 녹고 알코올·물에는 약간 녹는다. 모세혈관의 투과성을 증대시키고 취약성(脆弱性)을 회복시키는 작용을 갖기 때문에 모세혈관의 강화에 이용된다. 뇌출혈·고혈압의 치료 및 예방·망막출혈·위장허약·폐출혈·방사선 장애의 예방효과가 매우 높다.

플라본(flavone) : 대추의 과실·수피·잎 등에 고르게 들어 있는 플라본은 에탄올 등에 잘 녹고, 물에는 거의 녹지 않는다. 당질과 결합하여 비타민 P의 작용을 한다.

(6) 알칼로이드(alkaloid)

알칼로이드는 질소를 함유하는 염기성 물질로서 인간을 비롯한 모든 동물에 대해서 극히 특이하면서도 강한 생리작용을 한다. 알칼로이드는 단일물질이 아니고 화학적으로 매우 광범위한 물질로서 현재까지 250여종 정도가 알려져 있고, 그 가운데 대추에는 47종의 알칼로이드가 함유되어 있음이 밝혀졌다.

알칼로이드가 식물체 내에서 하는 역할은 아직 밝혀진 바가 없으나 동물에 대해서는 특이하면서도 강력한 작용을 보인다. 이 때문에 의약품으로 사용된다. 예를 들면 코카인(국소마취), 양귀비의 모르핀계 알칼로이드(진통마취제), 히오시마닌(진통제), 에제린(동공축소)·에페드린(동공확대, 천식치료제)·니코틴(신경흥분, 혈관 및 장 마비)·레세르핀(정신진정제)·에메틴(아메바이질의 치료제)·베르베린(건위·간장제) 등이 알려져 있다.

(7) 사포닌(saponin)

대추와 인삼 등에 풍부하게 들어 있는 성분으로서 배당체(配糖體)의 비당(非糖) 부분인 에글리콘이 여러 고리화합물로 이루어진 것이다. 당의 부분은 d-글루코오스·d-갈락토오스·l-아라비노오스가 잘 알려져 있으나 메칠펜토오스·우론산(酸)·데옥시당(糖) 등도 있다. 사포닌은 인체 세포의 표면활성제로서 작용하여 물질의 투과성을 높여 준다. 사포닌은 물에는 비교적 잘 녹으나 알코올·페놀 등과는 난용성인 분자화합물을 형성한다. 적혈구에 대하여 용혈작용을 함으로써 혈관의 노폐물을 제거할 수 있는데, 이는 사포닌이 적혈구막 속의 콜레스테린과 강하게 결합하여 막 구조가 파괴되기 때문이다.

대추에만 함유되어 있는 고유한 사포닌 화합물로서는 주주보사이드 A(jujuboside A)와 주주보사이드 B(jujuboside B)등 2종류가 밝혀졌다. 이들 주주보사이드는 장기복용을 하여도 습관성이 되지 않고 인체에 독성이 없으므로 매우 유효한 사포닌인 바 앞으로 임상학적 효과가 시급히 밝혀져야 할 과제이다.

(8) 세로토닌(serotonin)

세로토닌은 혈액이 응고할 때 혈소판으로부터 혈청 속으로 방출되는 혈관 수축작용을 하는 물질이다. 혈관 뿐만 아니라 자궁·기관지 등의 평활근을 수축시키는 약효가 높으므로 출산 후의 산모 건강회복을 위한 특효성분이다.

(9) 리놀레산(linoleic acid)

식물성 불포화지방산 가운데 필수영양소로서 비타민 F라고도 한다. 2개의 이중결합을 가지고 있으며 무색의 액체로 -12℃에서 녹고, 230℃에서 끓는다. 대추 종자에 많이 함유되어 있으며 인지질을 구성하는 주요 성분이다.

2) 약리작용

(1) 과실

대추는 완화제(緩和劑)·이뇨제(利尿劑)·강장제(强腸劑)·근육급박증상(筋肉急迫症狀)·견인통(牽引痛)·지각과민증(知覺過敏症)·신체동통(身體疼痛)·종통(腫痛) 등의 완화제로 쓰인다. 또한 담즙증·만성기관지염·결핵·출혈성질환·강정 및 체력회복·거담제 등에 효능이 있다. 그밖에 진정제·혈압강하·배뇨촉진·항염증제 등 46종의 약리효과가 있다고 한다.

(2) 종자

대추 및 산조종자(酸棗仁)는 최면(催眠)·신경안정·강정·불면증 등에 효능이 있다. 특히 산조인은 불면증(不眠症) 및 다면증(多眠症) 외에도 건위(健胃)·진정(鎭靜)작용을 한다. 종자 내에는 최면작용이 너무 강하여 독성을 가질 경우도 있는데, 이러한 독성은 산조인이 대추인보다 더 강하다. 종자의 독성을 순화시키기 위하여 약제로 사용하기 전에 찌거나 볶아서 사용해야 한다.

3) 약용방법

대추는 양기(陽氣)를 보강하고 비위(脾胃)를 튼튼하게 한다. 오래 먹으면 안색이 좋아지고 몸이 가벼워지며 장수(長壽)할 수 있다 . 그러나 주의할 점은 파와 함께 먹으면 오장(五臟)이 편하지 않고 어류와 먹으면 복통이 일어나는 수가 있다.

(1) 위카타르 · 위경련증

대추 2개, 매실 1개, 살구씨 7개를 부드럽게 찧어 온수 또는 약간의 식초와 함께 복용한다.

(2) 위허약무력증 · 식욕부진 · 소화불량

씨를 뺀 대추를 타지 않을 정도로 은근한 불에 구어 말린 후 가루로 만든다. 매일 식후마다 끓인 물에 큰 스푼으로 1개씩 타서 장기복용하면 위를 순화시키고 식욕을 증진케 한다. 병에 관계없이 복용해도 혈기가 좋아진다.

(3) 만성대장하혈(慢性大腸下血)

대추 10개와 황기(黃耆) 3.75g을 달여서 차를 마시듯 하면 된다. 이것이 1회분으로서 증세가 심한 사람은 3회 정도 복용한다.

(4) 감맥대추탕(甘麥大棗湯)

감맥대추탕은 히스테리 · 신경쇠약 · 불면증에 효능이 있다. 대추 6g, 감초

5g, 밀2g을 물 400*ml*에 넣고 끓여서 200*ml*가 되도록 하여 1일 3회 복용한다.

(5) 산조인탕(酸棗仁湯)

불면증·다면증(多眠症)·신경쇠약증에 유효하다. 산조인 15g, 복령(茯笭) 5g, 지모(知母) 3g, 천궁(天芎) 3g, 감초(甘草) 1g을 물 400*ml*에 넣고 끓여서 200*ml*가 되도록 한 후 1일 3회 복용한다.

(6) 귀비탕(歸脾湯)

귀비탕은 빈혈·건망증·불면증에 효능이 있다. 산조인 3g, 황기(黃耆) 2g, 인삼 3g, 출(朮) 3g, 용안육(龍眼肉) 3g, 당귀(當歸) 2g, 원지(遠志) 1.5g, 감초 1g, 목향(木香) 1g, 생강 1.5g 등을 물 400*ml*에 넣고 끓여서 200*ml*가 되도록 한 후 1일 3회 복용한다.

(7) 배농탕(排膿湯)

종기의 치료에 유효하다. 길경(桔梗) 3g, 감초 3g, 생강 3g, 대추 6g을 물과 함께 달여서 1일 3회 따뜻하게 복용한다.

(8) 인삼지골피산(人參地骨皮散)

결핵성 질환의 해열제로 유효하다. 인삼 4g, 지골피(地骨皮) 4g, 시호(柴胡) 4g, 황기(黃耆) 4g, 생지황(生地黃) 4g, 지모(知母) 3g, 석고 3g, 복령 2g, 생강 1편 대추 1편 등을 물에 달여서 1일 3회 복용한다.

(9) 황금탕(黃芩湯)

장티프스 및 대장(大腸) 카타르에 유효하다. 대추 4g, 황금(黃芩) 4g, 감초 3g, 작약 3g을 물에 넣고 달여서 1일 3회 복용한다.

(10) 소시호탕(小柴胡湯)

기관지염, 흉막염, 복막염 및 간염 등에 효능이 높다. 시호 7g, 반하(半夏) 5g, 생강 4g, 황금(黃芩) 3g, 대추 3g, 인삼 3g, 감초 2g을 물에 넣고 달여서 1일 3회 따뜻하게 하여 복용한다.

(11) 당귀건중탕(當歸建中湯)

부인병의 보혈(補血)과 강장약(强壯藥)의 효능이 있다. 당귀 4g, 계지(桂枝) 4g, 생강 4g, 대추 4g, 작약 5g, 감초 2g를 물에 넣고 달여서 1일 3회 따뜻하게 복용한다. 쇠약한 사람에게는 교태(膠飴)를 가하여 복용시킨다.

(12) 오수유탕(吳茱萸湯)

각기(脚氣) 및 급성위장염에 유효하다. 오수유 3g, 대추 4g, 인삼 2g, 생강 4g을 물에 넣고 달여서 1일 3회 복용한다.

(13) 흡협환(皀莢丸)

거담제(祛痰劑), 기관지염 및 기침을 해소하는데 효능이 있다. 흡협과 대추과육을 반씩 섞고 벌꿀을 가하여 환(丸)을 만든다. 1회에 4알씩 1일 3회 복용한다.

(14) 마황연요적소두탕(麻黃連翹赤小豆湯)

마황연요적소두탕은 피부염, 내공성신담(內攻性腎炎) 및 황저(黃疸)에 유효하다. 마황(麻黃) 3g, 연요(連翹) 3g, 생강 3g, 대추 3g, 상백피(桑白皮) 3g, 은행알 4g, 팥 10g, 감초 1g을 물 400ml에 넣고 달여서 200ml로 하여 1일 3회 복용한다.

(15) 갈근탕(葛根湯)

갈근탕은 발한(發汗), 해열완화제, 열성병 및 두통에 효과가 있다. 갈근 8.5g, 마황 6.5g, 대추 6.5g, 생강 6.5g, 계지 50g, 작약 50g, 감초 50g을 달여서 1일 3회 따뜻하게 복용한다.

(16) 정력대추사폐탕(葶藶大棗瀉肺湯)

정력대추사폐탕은 호흡곤란 및 부패성기관지염에 유효하다. 대추 12g을 물 200㎖에 넣고 달여서 100㎖까지 졸여지면 정력(葶藶)2g을 넣고 계속 달여서 50㎖가 되게 한 후 복용한다.

(17) 계지탕(桂枝湯)

계지탕은 두통, 발열, 감창(感昌), 열성병(熱性病)의 초기증세에 효력이 있다. 계피(桂皮) 4g, 대추 4g, 작약 4g, 생강 4g, 감초 2g을 달여서 1일 3회 따뜻하게 복용한다.

(18) 방이황기탕(防已黃耆湯)

방이황기탕은 신경통, 각기병 및 수종(水腫)에 유효하다. 방이(防已) 5g, 황기(黃耆) 5g, 대추 3g, 출(朮) 3g, 생강 3g, 감초 1.5g을 달여서 1일 3회 따뜻하게 복용한다.

(19) 계지부자탕(桂枝附子湯)

계지부자탕은 두통, 발열에 의한 신체동통(身體疼痛), 신경통 및 류마티스 등에 효력이 높다. 계지(桂枝) 4g, 부자(附子) 1g, 대추 3g, 생강 3g, 감초 2g을 달여서 1일 3회 따뜻하게 복용한다.

(20) 보중익기탕(補中益氣湯)

보중익기탕은 신체가 권태롭거나 미열이 있고 식욕이 없을 경우, 또는 늑

막염 및 폐염카타르에 유효하다. 황기(黃耆) 4g, 대추 2g, 인삼 4g, 출(朮) 4g, 진피(陳皮) 2g, 생강 2g, 감초 1.5g, 시호(柴胡) 2g, 승마(升麻) 1g을 물 400㎖에 넣고 달여서 반량으로 졸인 다음 1일 3회 따뜻하게 복용한다.

(21) 황연탕(黃連湯)

황연탕은 복통 및 위장병에 효과가 있다. 황연(黃連) 3g, 대추 3g, 감초 3g, 말린 생강 3g, 인삼 3g, 계지(桂枝) 3g, 반하(半夏) 6g을 400㎖의 물에 넣고 300㎖가 될 때까지 달여서 1일 3회 따뜻하게 복용한다.

(22) 사간마황탕(射干麻黃湯)

사간마황탕은 기관지염, 기관지단식(氣管支端息) 및 폐기종(肺氣腫)에 유효하다. 사간(射干) 2.5g, 마황(麻黃) 3g, 대추 2g, 생강 3g, 오미자(五味子) 3g, 세신(細辛) 2g, 자원(紫苑) 2g, 관동화(款冬花) 2g, 반하 4g을 달여서 1일 3회 따뜻하게 복용한다.

(23) 맥문동탕(麥門冬湯)

맥문동탕은 천식과 백일해(百日咳)에 유효하다. 맥문동 20g, 대추 2.5g, 인삼 2g, 반하 10g, 감초 2g, 멥쌀 5g을 달여서 1일 3회 차게 해서 복용한다.

(24) 월비탕(越婢湯)

월비탕은 부종성각기(浮腫性脚氣), 단독(丹毒), 피부병, 내공성신염(內攻性腎炎)에 효과가 있다. 마황(麻黃) 6g, 석고 8g, 대추 3g, 생강 3g을 달여서 1일 3회 따뜻하게 복용한다.

(25) 라마탕(蘿摩湯)

강정제(强精劑)로 효과가 크다. 라마자(蘿摩子) 10g, 산조인 12g, 지골피

(地骨皮) 12g, 오미자(五味子) 12g, 백자인(柏子仁) 12g, 말린지황(乾地黃) 12g을 가루로 만들어 섞고 1일 3회 매일 소량씩 복용한다.

이상과 같은 처방외에도 대추 과실을 이용한 십조탕(十棗湯)·다감초탕(多甘草湯)·소건중탕(小建中湯)·황금탕(黃芩湯)·갈진탕(葛振湯)·대추탕(大棗湯)·조삼탕(棗蔘湯)·익비탕(益脾湯)·대추평위산(大棗平胃散)·보익대추죽(補益大棗粥)·영계감조탕(苓桂甘棗湯) 등이 있다.

산조인(酸棗仁)은 평(平)하고 산감(酸甘)한 맛을 지녔으며 주로 간(肝), 심장 및 비경(脾經)으로 들어간다. 산조인을 이용한 그밖의 처방은 산조인죽(酸棗仁粥)과 원비탕(元肥湯)이 있다.

3. 용도

대추 과실의 이용에 관한 고대(古代)의 기록으로는 백익기(百益紀, 1613년)·홍조수장법(紅棗收藏法, 1766년)·대추구황방(大棗救荒方, 1800년대)·조장과실법(棗藏果實法, 1752년)·대추조악(餠果諸品, 1815년)·온조탕(溫棗湯, 1787년)·조미죽방(棗米粥方)·산조인죽(酸棗仁粥)·조유방(棗油方)·온조탕방(溫棗湯方)·조포방(棗脯方, 1827년)·밀건조방(蜜乾棗方)·조유정방(棗油錠方, 1801년)·수홍조법(收紅棗法)·대추미음법(大棗米飮法)·조염법(棗爛法, 1800여년)·대전(大殿)·중궁전(中宮殿)의 다례상(茶禮床) 및 진연(進宴)·진찬(進饌)·진작의궤(進爵儀軌, 1901년)에 생대추와 조란(棗卵)이 들어 있다.

본초학(本草學) 향약구급방(鄕藥救急方, 1676년)에 대추를 평성기물(平性氣物) 즉 음양(陰陽)의 어느 편에도 응용될 수 있는 중성물(中性物)로 규정하여 처방을 부여하고 있듯이 약용산조인 뿐만 아니라 대추를 병가입약(竝可入藥)하여 해열(解熱)·강장(强壯)·완화제(緩和劑)로 써왔고 견고한 목재(木材)는 수레바퀴축(輪軸)·조각품·고귀한 목기구의 용재로 써왔다. 특히 일반

서민들에게는 시력을 돋우기 위한 생식법(生食法)이나 제사용 삼색과(祭祀用 三色果)로서의 말린 대추, 일찍 아들을 낳아 잘 키우라는 뜻에서의 혼례용(婚 禮用) 대추와 밤을 사용하는 풍속 등이 먼 옛날부터 이어져 오고 있다.

최근에는 대추의 약리효과가 널리 알려지면서 일상생활 중에 간편하게 복 용할 수 있는 용도가 늘어나고 있다. 즉, 대추 엑기스를 이용한 대추차(大棗 茶), 대추를 포함한 여러 가지 한약제를 달여서 만든 각종 드링크 제품이 점 차 다양하게 개발되고 있으므로 대추 소비의 일반화를 위해 전망이 밝다고 볼 수 있다.

◇참고문헌◇

1. Akhmedov, U. A. , Khalmatov, Kh. Kh. 1968. Comparative phytochemical study of various strains of jujube. Polez. Dikorastushchie Rast. Uzb. lkh. Ispol'z : 154-158.

2. Akhmedov, U. A. , Khalmatov, Kh. Kh. 1969. Pharmacognostic study of *Zizyphus jujuba* growing in Vzbekistan. Rast. Resur. 5(4) : 579-581.

3. Akhmedov, U. A. , khalmatov, Kh. Kh., Chevrendidi, S. Kh. 1970. Fatty oil from jujube seeds. Nov. Dannye Biol. Dubil'nykh Lek. Rast. 100-101.

4. Baek, K. W. , Lee, S, Y. , Han, D. S., Kim, J. J. 1969. Components of the jujube in korea. Yon'gu Nanmunjip, Chunchon Nongkwa Taehak 3 : 21-24.

5. Baratou, K. B. , Shipkova, L. V. , Babaev, I. I. , Massover, B. L. 1975. The contents of vitamins C, and total sugars in some *Zizyphus jujuba* fruits cultivated in Tadzhik. Referativnyi Zhurncal 4. 55 : 810

6. Barros, G. G. , Matos, F. J. A. , Vieira, J. E. V. , Sousa, M. P. ,

Medeiros, M. C. 1970. Pharmacological screening of some Brazilian plants. J. Pharm. Pharmacol. 22(2) : 116-122.

7. 憑虛客李氏. 1815. 閨閣叢書.

8. Biswas, S. B. , Sarkar, A. K. 1970. Deoxyribonucleic acid base composition of some angiosperms and its taxonomic signigicance.

9. Blouch, A. K. , Phytochemistry 9 (12) : 2425-2430. Hujjatullah, S. 1969. Amino acid composition of the proteins from some edible wild seeds. Sci. Res. 6(1-2) : 1-6.

10. 斗庵. 1752. 民天集說.

11. Fchihaber, H. W. , Vhlendorf, J. , David, S. T. , Tschesche, R. 1972. Alkaloids from Rhamnaceae. XII. Macronine A, B, and C. Peptide alkaloids with a new type of structure, isolated from *Zizyphus mucronata*. Justus Liebigs Ann. Chem. 759 : 195-207.

12. Hiroshi, S. etc. 1973. Japan Journal Phamacology 23(4) : 563-571.

13. 洪萬選. 1915. 山林經濟.

14. Hsu, H. Y. , Chen, K. L. , Chen, J. C. 1971. Preparation of Chinese herbs. I. Preparation of Zizyphi spinosae seeds. Jai-Wan Yao Hsueh Jsa Chih 23(1) : 57-64.

15. Inoue, O. , Yokoi, M. , Ogihara, Y. 1974. Application of droplet countercurrent chromatography. C-glycosylflavove from the seeds of *Zizyphus jujuba*. Nagoya Shiritsu Daigaku Yakugakuba Kenkyu Nempo 22 : 36-37.

16. Kalyankar, G. L. , Krishnaswamy, P. R. , Sreenivaya. M. 1903. Papyrographi characterisation and estimation of Organic acids in plants. Surr. Sci. 21 : 220-222.

17. 刹米達夫. 木村雄四郞. 1968. 最新和藥用植物. 廣川書店. 東京.

18. Kawai, K. I. , Akiyama, T. , Ogihara, Y. , Shibata, S. 1974. A

new Sapogenin in the saponins of *Zizyphus jujuba*. Hovenia dulcis and Bacopa munniera. Phytochemistry 13(12)2829-2832.

19. Khalmatov, Kh. Kh. , Akhmedov, V. A. 1972. Vitamin content of the wild jujube. Tr. Vses. Semin. Biol. Aktiv. Veshchestvam Plodov Yagod, 4th 1970 : 190-191.

20. Korobkina, Z. V. 1968. Ascorbic acid and carotene content during storage of fresh and processed fruits. Tr. Vses. Semin Biol. Aktiv. Veshchoslvam Plodov Yagod, 3rd 1968 : 384-388.

21. Korobkina, Z. V., Kruglyakov, G. N. 1972. Vitamin valuie of foods produceed from jujube fruits. Tr. Vses. Semin. Biol. Aktiv. Veshchestvam Plodov Yagod, 4th 1970 : 481-485.

22. Korobkina, Z. V. , Kruglyakov, G. N. , Kurtov, I. A. 1974. Chemical technological study of jujube fruits. Konerv. Ovoshchesush. Prom. 27(2) : 41-42.

23. Kriventcov, V. I., Karakhanwa, S. V. 1970. The rutin content of jujube fruits Byulleten Gosudarstvennogu Nikitskogo Botanicheskogo Sada 3(14) : 57-59.

24. Krivencov, V. I. , Karahanova, S. V. , Savına, G. G. 1969. Dynamics of rutin and asscorbic acid accumulation jujube leaves. Byull. Gos. Nikitsk. Bot. Sada 3(10) : 57-59.

25. Krivencov, V. I. , Karahanova, S. V. , Sarina, G. G. 1970. Distribution of vitamin C in fruits of Zizyphus jujuba. Byull. Gos. Nikit. Bot. Sada 2(13) : 57-59.

26. Kruglyakov, G. N. 1971. Pectin substances of jujube fruits. Izv. Vyssh. Vcheb. Zaved. , Pishch. Tekhnol. (5) : 178-179.

27. Kruglyakov, G. N. 1972. Trace elements and macroelements in jujube fruit. Izv. Vyssh. Vcheb. Zaved. , Pishch. Tekhnol. 1972 (4)

: 177-179.

28. Kruglyakov, N. G. 1976. Content of ascorbic acid in jujube fruit in relation to ecological growing conditions. Pnobl. Kachestvai Khraneniya Prodovol'stu. Tovarou 71-74.

29. Kruglyakov, G. N. Korobkina, Z. V. 1971. Unabi fruit, aproduct rich in vitamin C and trace elemeets. Vop. Pitan. 30(4) : 84-85.

30. Kuliev. A. A. , Akhundov, R. M. 1976. Changes in ascorbic acid and catechin contents of *Zizyphus jujuba* fruit during ripening. Refexativnyi Zhurnaļ 9. 55 : 882.

31. Kuliev. A. A. , Guseinova, N. K. 1975. The content of vitamin C. B₁, B₂ and E in sora fruit. Referativnyi Zhurnal 3. 55 : 730.

32. Kulshreshtha, M. J. , Rastogi, R. P. 1972. Chemical constituents of *Zizyphus rugosa*. Indian J. Chem. 10(2) : 152-154.

33. 李朝純祖. 1901-1902. 進宴進饌. 進爵儀軌.

34. 李晬光. 1613. 芝峯類說(之酉文化史譯本).

35. 류근철. 1981. 자연식품과 한방. 광문당.

36. Lucretia, I. G. , Cristea. , L. 1972. Chemical composition of fruits of *Zizyphus jujuba*. Farmacia 20(6) : 351-356.

37. Lucretia, I. G. , Forstner, S. 1970. Dynamics of accumulation of ascorbic acid in the fruit and leaves of *Zizyphus jujuba*.

38. Lomakina, M. I. , Lomakin, E. N. 1973. Chemical composition of wild fruit Plants of western Kopetdag. Rast. Resur. 9(4) : 573-577.

39. Matsumoto, I. 1969. Butulic acid from *Zizyphus* seeds. Nakano, Naoji Japan 1969. 31 : 593.

40. Mitsuhashi, T. , Sakurai, M. , Endo, T. Tomiyama, A. , Endo, S. 1973. Seed oils of *Zizyphus jujuba*, Cornus officimulis, and Ficus erecta. Tokyo Gakugei Daigaku Kiyo, Dai-4-Bu 25 : 94-97.

41. Nagai, Y. , Tanaka, O. , Doi, O. , 1969. A sapogenin of seeds of *Zizyphus jujuba* Var spinosus. Shoji shibata 1969.

42. Ogihara, Y. , Inoue, O. , Otsuka, H. , Kawai, K. I. , Tanimura, T. , Shibata, S. 1976. Droplet counter-current chromatography for the Separation of plant products. Journal of chromatography 128(1) : 218-223.

43. Otsuka, H. , Akiyama, T. , Knwai, K., Shibata, s. , Inoue, O., Ogihara, Y. 1978. The structure of jujubosides A and B, the saponins isolated from the seeds of *Zizyphus jujuba*. Phytochemistry 17(8) : 1349-1352.

44. Otsuka, H., Ogihara, Y., shibata, S. 1974. Isolation of Cocla urine from *Zizyphus jujuba* by droplet counter current chromatography. Phytochemistry 13 : 2016.

45. 朴世堂. 1676. 穡經.

46. Rao, V. S. Sundara. , Reddy, K. K. , Sastry, K. N. S. , Nayudamma, Y. 1968. Chemical components of ghat-bor. I. Isolation of epicatechin, leucocyanidin, and 3, 3′, 4-trl-0-methylol-lagic acid from ghat-bor fruit. Leather Sci. 15(7) : 189-193.

47. Rao, V. S. S., Reddy, K. K., Sastry, K. N. S., Nayudamma, Y. 1973. Chat-bor tannins. Leather Sci. 20(8) : 288-290.

48. Romanovskaya, E. A. 1978. Medicinal plants of the lssyk Arboretum. Vestn. S-kh. Nauki Kaz. 21(5) : 113-117.

49. Royan, A. V., Kruglyakov, G. N. 1972. Produce with high vitamin content. Sadovodstro No, 12.

50. Shibata, S. J., Nagai, Y. K. , Tanaka, O. S., Doi, O. S. 1970. Sapogenin of seeds of *Zizyphus jujuba* var. spinosus. Phytochemistry 9(3) : 677.

51. 諶克終. 1968. 最新果樹園芸學 : 707-710. 台灣.

52. Singh, H, Seshadri, T. R., Subramanian, G. B. V. 1965. Chemical investigation of lac hosts. I. *Zizyphus jujuba* and Z. *xylophora*. Curr. Sci. 34 : 344-345.

53. Sin'ko, L. T. 1976. *Zizyphus jujuba* as a promising medicinal plant. Raslit Resur. 12(2) : 303-307.

54. 徐令膺撰・徐有榘輯. 1787. 攷事十二集.

55. 徐有榘. 1801. 饔饎雜誌(侏. 林園十六志養賢堂).

56. 徐有榘. 1827. 林園十六志. 良巖社(韓國의 名著 : 1970).

57. Tasmator, L. T. 1963. Zizyphus jujuba in industry. Sadovodstvo 6 : 30-31.

58. Thakur, R. S., Jain, M. P., Hruban, L., Santary, F. 1975. Torophthalic acid and its methyl ontors from *Zizyphus sativa*. Planta Med. 28(2) : 172-173.

59. Tomoda, Masashi., Asakura, Hatsue. , Iida, Akiko. 1969. Water-soluble carbohydrates of zizyphi fructus. I. Comparative study on Japanese and Chinese Zizyphi Fructu. Shoyakugaku Zasshi 23(2) : 45-48.

60. Tomoda, Masahi., Takahashi, Mie., Nakatsuka, Satomi. 1973. Water-soluble carbohydrates of Zizyphi fructus. II. Isolation of two polysaccharides and stracture of an arabinan. Chem. Pharm. Bull. 21(4) : 707-711.

61. Tschesche, Rudolf., David, Samucl. T., Vhlendorf, T., l'chlhaber, Hans Wolfram. 1972. Alkaloids from Rhamnaceae. XV. Mucronine D. a further Peptide alkaloid from *Zizypyus mucronata*. Chem. Ber. 105(9) : 3106-3114.

62. Tschesche, Rudolf., David, Samuel Tobias., Zerbes, Rudolf.,

Von Radloff, Michael, Kaussmann, Ernst V., Eckhardt, Gert. 1974. Alkaloids from Rhamnaceae. XIX. Mucronine -E, -F, -G, and -H as well as abyssenine -A, -B, and -C, new 15membered cyclopeptide alkaloids. Justus Liebigs Ann. chem. 1974.(11) : 1915-1928.

63. Tschesche, Rudolf., Elgamal, Mohamed., Eckhardt, Gert., Von Radloff, Michael. 1974. Alkaloids from Rhamnaceae. XXIV. Peptide alkaloids from *Zizyphus mucronata*. Phyto chemistry 13(10) : 2328.

64. Tschesche, R., Kaussmann, E. V., Eckhardt, G. 1973. Alkaloids from Rhamnaceae. XVI. Structure of Zizyphine A. Tetrahedron Lett. 1973(28) : 2577-2580.

65. Tschesche, R., Kaussmann, E. V., Fehlhaber, H. W. 1972. Alkaloids from Rhamnaceae. XI. Amphibine-A, a cyclic peptide alkaloid from *Zizyphus amphibia*. Tetrahedron Lett. 1972.(9) : 865-868.

66. Tshesche, Rudolf., Kaussmann, E. V. Fehihaber, H. W. 1972. Alkaloids from Rhamnaceae. XⅢ. Amphibine B. C. D. and E. four peptide alkaloids from *Zizyphus amphibia*. Cham. Ber. 105(9) : 3094-3105.

67. Tschesche, R., khokhar, I., Spilles, Ch., Eckhardt, G., Cassels, B. K. 1974. Alkaloids from Rhamnaceae. XXVI. Ziziphin-F and -G, new chclopeptide alkaloids from *Zizyphus oenoplia*. Tetrahedron Lett. 1974(34) : 2941-2944.

68. Tschesche, R., Khokhar, I., Spilles, c., Von Radloff, M. 1974. Alkaloids from Rhamnaceae. XXI. Peptide alkaloids from *Zizyphus Spinachristi*. Phytochemistry 13(8) : 1633

69. Tschesche, R., Khokhar, I., Wilhelm, H., Eckhardt, G. 1976.

Alkaloids from Rhamnaceae. Part 27. Jubanine-A and jubanine-B, new cyclopeptide alkaloids from *Zizyphus jujuba*. Rhytochemistry 15(4) : 541-542.

70. Tschesche. R., Moch, J., Spilles, C. 1975. Alkaloids from rhamnaceae. XXVII. Synthesis of amphibine-I. Chem. Ber. 108(7) : 2247-2253.

71. Tschesche, R., Spilles, C., Eckhardt, G. 1974. Alkaloids from Rhamnaceae. XXII. Amphibine I. a new alkaloid from *Zizyphus amphibia.* Chem. Ber. 107(4) : 1329-1333.

72. Tschesche, R., Spiles, C., Eckhardt, G. 1974. Alkaloids from rhamnaceae. XVⅢ. Amphibine F, G, and H, further peptide alkaloids from *Zizyphus amphibia.* Chem. Ber. 107(2) : 686-697.

73. Tschesche, R., Wilhelm, H., Fehlhaber, H. W. 1972, Alkaloids from Rhamnaceae. XIV. Mauritine -A and mauritine -B, two peptide alkaloids from *Zizyphus mauritiana.* Tetrahedron Lett 1972(26) : 2609-2612.

74. Tschesehe, R., Wilhelm. H., Kaussmann, E. V., Eckhardt, G. 1974. Alkaloids from Rhamnaceae. XVII. Mauritine-C, -D, -E, new peptide alkaloids from *Zizyphus mauritiana.* Justus Liebigs Ann. chem. 1974(10) : 1694-1701.

75. 上原敬二, 1970, 樹木大圖說 : 1067-1071. 有明書房.

76. Watanabe, I., Saito, H., Takagi, K. 1973. Pharmacological studies of *Zizyphus seeds.* Jap. J. Pharmacol. 23(4) : 563-571.

77. Yagi, A., Okamura, N., Haraguchi, Y., Noda, K., Nishoka, I. 1978. Studies on the Constituents of Zizyphi fruits. I. Structure of three new P-coumarates of alphitolic acid. Chem. Pharm. Bull. 26(6) : 1798-1802.

78. Yagi, A., Okamura, N., Haraguchi, Y., Noda, K., Nishioka, I.

1978. Studies on the Constituents of Zizyphi fruits. II. Structure of new Pcoumaroylates of maslinic acid. Chem. Pharm. Bull. 26(10) : 3075-3079.

79. Yu. A. Akhmedou and kh, kh. khalmatov, 1967. Isolation of rutin from leaves of *Zizyphus jujuba*. Farmalsiya 16(3) : 34-35.

80. 柳重臨. 1766. 增補山林經濟(朝鮮研究會本).

81. Ziyaer, R., Irgashev, T., Israilov, I. A., Abdullaev, N. D., Yunusov, M. S., Yunusov, S. Yu. 1977. Alkaloids of *Zizyphus jujuba*. Structure of yuziphine. and yuzirine. Khim. Prir. Soedin. 1977(2) : 239-243.

82. 撰者未詳. 1800中. 山林經濟撮要.

83. 撰者未詳. 1800中. 群學會滕(博海通巧).

판 권
본 사
소 유

대추재배 신기술

1997년 10월 15일 2판 1쇄 발행
2020년 9월 15일 2판 8쇄 발행

저　자 : 김용석·김월수
발행인 : 김　중　영
발행처 : 오성출판사

서울시 영등포구 영등포6가 147-7
TEL : (02) 2635-5667~8
FAX : (02) 835-5550

출판등록 : 1973년 3월 2일 제 13-27호
www.osungbook.com

ISBN 978-89-7336-109-0